ちょっとわかれば こんなに面白い数学のはなし

立田 奨

三笠書房

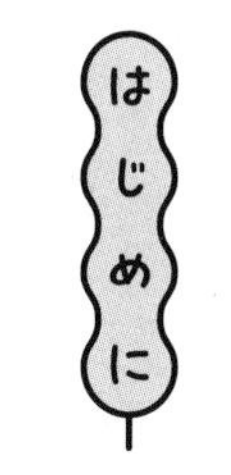

知っているだけで毎日に感動がふえる！49のトピックス

高校生で覚えたサイン、コサイン、タンジェントは、社会人になってから一度も使ったことがない。大量にいる鶴と亀の足の本数を数えることなんてないし、先に徒歩で出発したお兄さんを自転車で何分後に追い抜くかを計算することもない。動く点Ｐにも出会わない。

中学・高校で学んだ数学は、自分たちの生活に何の関係もないし、難しいだけで嫌いだ。**「数学なんて一生関わるもんか！」**と何度も思ったあなた。

でも、あなたの情報を守ってくれているのはものすごく強くて怪力な誰か、ではなく、数学で学んだ「素数」なのです。あなたが美しい、綺麗……と心惹かれるのは、実は生物にとって魅力的に感じる数学的な規則にのっとった形なのです。

私たちが思っている以上に、日常生活でも数学の恩恵を受けている物事はたくさんあり、実際に私たちは大人になってからも数学と関わり続けているのです。

世の中をつくっている数学は難しそうに思えますが、数学が私たちの身の回りでどのように役立っているのかを知るのは意外に簡単です。微分積分の式が解けなくても、複雑な図形の面積が求められなくても、ちょっと雰囲気をつかむだけで、世の中に数学が活かされている様子を覗き見ることができるのです。

私たちが高校で学んだ微分・積分を駆使すれば、「私たちの未来」を予測することだってできます。身近なところでは、天気予報や人口予測などが挙げられます。

本著では、難解な数式や説明は控えめにしています。

これまで数学が苦手だった方に、数学に親しみを感じてもらえれば幸いです。

立田 奨

もくじ

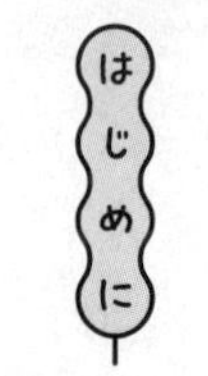

家で見かけるこんなこと

――素因数分解の「難解さ」が私たちを守っている？

2章 学校で、職場で見かけるそんなこと

──バッテリー残量から人口まで「未来を予測」する微分・積分

3章 通学、通勤で見かけるあんなこと

――窓の外からスマホから聞こえてくる「あの音」は関数だった？

4章

休日に見かけるひょんなこと
——心を動かす美しさ・心地よさに潜む数字

本文DTP 株式会社Sun Fuerza
本文イラストレーション 間芝勇輔

1章

家で見かけるこんなこと

——素因数分解の「難解さ」が私たちを守っている？

1 台湾発！ネットで大論争を引き起こした計算問題

高校生のナオヒトさんが家でスマホを見ていると、次のようなタイトルを見つけました。

「6÷2(1+2)を計算せよ」

一見すると簡単に解けそうですが、ある事情で大論争を引き起こした「いわくつき」の問題なのです。

出題元は台湾のFacebookコミュニティで、2011年からネット上で広まり、数百万人もの人が取り組んだところ、答えが2つに分かれたのです！

この問題の計算に入る前に、四則計算のルールを確認しておきましょう。四則計算とは、小学算数や中学数学で学んだ、たし算の加法、ひき算の減法、かけ算の乗法、わり算の除法の4つの計算です。加減乗除ともいいますね。+、−、×、÷に加えて、カッコ（）も登場します。

これらが混ざった四則混合計算は、次のような順序で計算するとよいのでした。

①カッコ内を優先して計算する
②かけ算、わり算を優先する
③たし算、ひき算をする

たとえば、3+5×（12−8）÷2という計算をするときは、先頭の3+5からではなく、まず、①のルールに従ってカッコでくくられた12−8=4を行ないます。次に、②のルールに従って式の前方からかけ算5×4=20、20÷2=10を行ないます。最後に、③のルールに従ってたし算の3+10をして、答えは13になりますね。

▽2通りに割れた答え…半数の人が不正解!?

それでは、今回のテーマである「6÷2（1+2）」の計算を見ていきましょう。

まずカッコがありますので、ここは優先して計算します。そうすると、

6÷2（3）

となります。数字だけの計算では普段見かけない形ですね。2（3）の処理に迷いが生じます。ここで2（3）をどう処理すればよいのか、2通りの解釈ができます。

・2（3）を2×3と解釈する場合

6÷2×3＝3×3＝9となるので、答えは「9」になります。

・2（3）を（2×3）と解釈する場合

6÷（2×3）＝6÷6＝1となるので、答えは「1」になります。

この問題が話題になったとき342万人が解答し、「9」と答えた人は149万人で、「1」と答えた人は193万人でした。大きく割れましたね！

数学の専門家に意見を仰いだところ、「左から右に計算を進めるのが原則で、答えは9だ」と結論付けられました。

そもそも、2（3）のように誤解を招く表現自体がよくないですね……。

大論争！正しい答えはどっち？

$$6 \div 2(1+2)$$
$$= 6 \div 2(3)$$

↓

2（3）をどのように解釈するのが正解？

2×3と解釈

$$6 \div 2 \times 3$$
$$= 3 \times 3$$
$$= 9$$

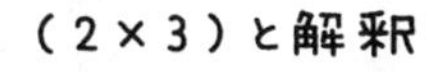

$$6 \div (2 \times 3)$$
$$= 6 \div 6$$
$$= 1$$

149万人

193万人

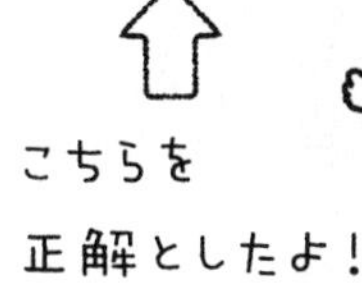

2 「＋」「−」「×」「÷」の記号はいつから使われているの？

台湾のFacebookコミュニティで出された問題を解いて、改めて計算記号の大切さを実感した高校生のナオヒトさん。記号が正しく使われることによって、共通の言語として誰にでも誤解なく伝わりますね。私たちは普段、「＋」「−」「×」「÷」を特に意識することなく使っていますが、これらの記号はどのような経緯で使われるようになったのでしょうか。その起源をご紹介したいと思います。

15世紀初頭にはヨーロッパではプラスにP、マイナスにMの文字が一般的に使われていましたが、１４８９年にドイツの数学者ヨハネス・ウィッドマンが著書で、印刷物で初めて「＋」と「−」の記号を用いました。このときは「＋」は超過、「−」は不足、つまり増減を表わす記号として使われていました。

「＋」と「－」はどこからきたのか？

「走り書きが由来」説

et → e → ℯ → ᵼ → ＋

m → 〜 → －

「船乗りたちの目印」説

減ったら「－」
増えたら「｜」を
書き足して「＋」に

「＋」や「－」の起源には諸説ありますが、代表的なのはラテン語のet（英語でいうand）の走り書きが変形して「＋」になり、minus（マイナス）の頭文字mが筆記体で簡略化されて「－」になったとする説です。

　また、船乗りたちが使っていた目印だという説もあります。樽（たる）に入れていた水を使ったときに、ここまで**減ったという目印に横線（－）**をつけ、樽に水を**足したら横線の上に縦線をひいて（＋）**として使っていました。

　こうして、「－」と「＋」がそれぞれひき算とたし算の記号になったという説です。

「×」の記号が初めて使われたのは

1631年。イギリスの数学者ウィリアム・オートレッドの著書『数学の鍵』の中で、かけ算を表わす記号として使われました。

彼は教会にある十字架を見て、「×」という記号を思いついたそうです。十字架を斜めにすると×になりますが、どうしてこれをかけ算の記号として使おうと思ったのか、私たちにはよくわかりませんね……。

高校数学ではかけ算を表わす記号に「・」を使うことがありますね。「・」の記号を好んだのは、ドイツの数学者ライプニッツです（106ページの微積分のお話で登場します）。**「×」はアルファベットのエックス「X」と間違えやすいため、かけ算記号に「×」を使わない方がよい**と述べました。確かに納得できます。

表計算のエクセルでかけ算をする際には「×」ではなく「＊」の記号を使いますね。「＊」は「アステリスク」または「アスタリスク」と呼ばれるもので、古代ギリシア語で「小さい星」を意味します。一般的には脚注を表わす際に使われていますね。

1659年にスイスの数学者ヨハン・ハインリッヒ・ラーンがかけ算の記号として「＊」を使ったことが知られています。

「÷」は、15世紀初頭に、ロンドンの金融街で**半分を表わす記号**として使われていました。「8÷2」というと、半分の4を意味していたのです。わり算記号として世界で初めて出版物に登場したのは1659年、かけ算の「*」でも話に出たヨハン・ハインリッヒ・ラーンの著作の中です。

▽「÷」は超マイナーな記号!?

日本では当たり前のようにわり算に「÷」を使っていますが、実は世界規模でみると私たちはマイナーな方なのです。日本以外では、アメリカやイギリス、韓国、中国やタイでしか使われていません。その他の国では「÷」ではなく、スラッシュ「／」が用いられています。エクセルの計算でもわり算は「／」を入力しますよね。

「／」をわり算として初めて用いたのは、「×」でも登場したイギリスの数学者ウィリアム・オートレッドです。「／」の方が先に用いられていたのですね。

2009年に国際標準化機構が発行した数学記号についての国際規格では、わり算は「／」または分数によって表わすと定められました。そして、**わり算に「÷」は使うべきではないと明記されている**のです。

3

「素因数分解」がカギ！
複雑セキュリティの単純な仕組み

この数年間で、リモートワークや在宅ワークを導入する企業が一昔前よりも多くなりました。インターネットを介すると、遠隔地でも簡単に会議をすることができます。お買い物も、時間帯や場所を問わずにできるネットが便利ですね。

ネットショッピングではセキュリティが保たれていることが大前提ですが、その裏では**「素数」**が大活躍してくれているのです。私たちが安心してネットショッピングを楽しめるのは、素数のおかげなのです。その仕組みをお伝えする前に、素数について簡単に復習しておきましょう。

素数とは、1と自分自身以外に約数（ある整数に対して、その数を割り切ることのできる整数）をもたない正の整数です。1は素数に含めません。

2の約数は1と2だけなので**2は素数**です。3の約数は1と3だけなので**3も素数**

です。4の約数は1と2と4なので4は素数ではありません。5の約数は1と5だけなので**5は素数**です。6の約数は1と2と3と6なので6は素数ではありません。

このように素数は2、3、5、7、11、13、17、19、23……と無限に続いていきます。そして、ある数を**素数の積に分解**することを**素因数分解**（そいんすうぶんかい）といいます。

・10を素因数分解すると、$10=2\times5$

・12を素因数分解すると、$12=2\times2\times3$、つまり$12=2^2\times3$

・24を素因数分解すると、$24=2\times2\times2\times3$、つまり$24=2^3\times3$

ちなみに、数式を積の形に分解することは因数分解といいます。

▽巨大な数の素因数分解はコンピュータでも大変！

2桁の数の10や12、24のように数字が比較的小さい場合には、素因数分解は簡単に行なえます。ところが数字が大きくなってくると、そうではなくなってくるのです。

たとえば、3桁の数767の素因数分解にトライしてみましょう。まず、767を2で割ることはできません。3でも割れません。5でも割れません。7や11で割ってもダメです。諦めずに続けていきますと、13でようやく割り切ることができます。７６７÷13＝59です。59も素数なので、７６７を素因数分解すると７６７＝13×59となります。

このように2桁から3桁の数字になっただけでも、素因数分解は手間がかかるようになります。

4桁にするともっと複雑になります。たとえば、６４９３を素因数分解してみましょう。2、3、5、7……と素数で割り切ろうと続けていくと、43で割り切れ、６４９３＝43×１５１となります。こうなってくると、手動ではかなりしんどくなりますね。数字の桁が増えれば増えるほど、素因数分解はグッと難しくなります。

桁数を一気に増やした数百桁もの巨大な数の素因数分解については、コンピュータでも大変なのです。**総当たりでトライして答えとなる素数を見つける以外に方法がない**ため、たとえコンピュータであっても膨大な時間がかかってしまいます。

「43と１５１から43×１５１＝６４９３を作るのは簡単ですが、その逆６４９３＝43×１５１という素因数分解は難しい」のです。**暗号文を作るのは簡単ですが、第三者が暗号文を解読するのは難しい**ことと似ていますね。

▽素数を活かした抜群の堅牢性「RSA暗号」

これを利用したのが**RSA暗号**です。ネットショッピングでも利用するクレジットカード情報や、その他の個人情報の暗号化技術において主役級の活躍をしています。

RSA暗号は1977年に発明され、暗号とデジタル署名を実現できるものとして公開されました。発明者であるロナルド・リベスト（Ronald **R**ivest）、アディ・シャミア（Adi **S**hamir）、レオナルド・エーデルマン（Leonard **A**dleman）のファミリーネームの頭文字をつなげて、RSAと呼ばれるようになりました。

1993年の時点では129桁の数字を素因数分解してRSA暗号を解読するのに、約1600台の計算機が投入され、8カ月もかかりました。現在主流となっている617桁（2048ビット）のRSA暗号は**スーパーコンピュータでさえ解読が困難**なため、今なお強固な暗号技術であり続けています。

インターネットでも安全に、安心してカード情報や個人情報登録ができるのは「巨大な素数」のおかげですね。

4

素数の法則を発見したら1億4000万円もらえます

前項で、「巨大な数」の素因数分解が暗号技術に利用されているとご紹介しました。この暗号を作るには、「巨大な数」をN、素数をp、qとおき、pやqにそれぞれ約300桁の素数を選んで、p×q＝Nを作ればよいのです。

しかし、そもそも暗号に必要な約300桁もの素数p、qをどうやって見つけ出すのでしょうか。素数の規則性を公式化することができればよさそうですね。

偶数や奇数であれば2つに1つずつ出現し、3の倍数であれば数を3つ大きくするごとに出現します。では、素数にはどのような規則性があるのでしょうか。

2、3、5、7、11、13、17、19、23、29、31、37、41、43、47、53、59、61、67、71、73、79、83、89、97……

素数が出現する間隔はランダムですし、隣り合う素数の間に規則的なものは特になさそうで、単純な公式では表わせなさそうです。これまでの歴史の中で偉大な数学者たちが**素数の公式化**にチャレンジしてきましたが、**誰も完全には成功していません。**

「計算をするために生まれてきた、多産な数学者」と言われるスイスの**レオンハルト・オイラー**もその1人です。オイラーは素数を求める式として、「n^2+n+41」を考えました。nに0から順に整数を入れると素数を生み出せると考えたのです。

・nに0を入れて計算すると41になり、41は素数です。
・nに1を入れて計算すると43になり、43は素数です。
・nに2を入れて計算すると47になり、47は素数です。

このようにnに次々と値を入れて計算していくと素数を生み出すことができますが、n＝40のときには1681となり、1681＝41×41となるので素数ではなくなります。残念ながら、すべての素数を求める公式にはならなかったのです。

▽150年間繰り返された予想と証明

続けてオイラーは、次ページの図のように「**素数を小さい方から順に当てはめた項**

素数の公式化への挑戦

オイラー積

$$\left(\frac{1}{1-\frac{1}{2^2}}\right)\times\left(\frac{1}{1-\frac{1}{3^2}}\right)\times\left(\frac{1}{1-\frac{1}{5^2}}\right)\times\left(\frac{1}{1-\frac{1}{7^2}}\right)\times\left(\frac{1}{1-\frac{1}{11^2}}\right)\cdots=\frac{\pi^2}{6}$$

無限に続く
存在するすべての素数を使った数式

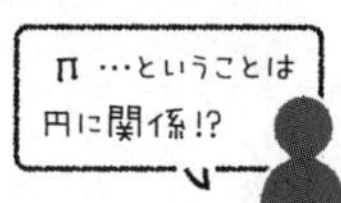

素数階段

のかけ算を無限に続けていくと、円周率π が出現する（オイラー積）」という性質を導きます。不規則に出現する素数と**最も美しい形「円」との関連性**が示せたのです。

また、素数の現われるタイミングについても研究していました。素数の現われ方のイメージとして、**素数階段**を考えてみます。数を1から順に増やしていき、素数のときだけ1段上がる階段です。

「1」は素数ではないので上がらない、「2」は素数なので1段上がる、「3」も素数なので1段上がる、「4」は素数ではないので上がらない……と続けていくと、素数の現われるパターンが見えてきます。

ドイツの天才数学者**カール・フリードリ**

ヒ・ガウスは、素数階段が対数を使った簡単な式で近似できる（およそ概要を捉えることができる）と予想しました。この予想は後にほかの数学者によって証明され、**素数定理**と呼ばれています。しかし、あくまでも近似ですので、素数定理をもってしても素数の規則を完璧に表現することはできませんでした。

さらに精度が高く、正確に素数の並び方について解き明かしたいと思ったドイツの数学者**ベルンハルト・リーマン**は、1859年に出した論文で、**素数の並び方を解き明かすための重要なステップとなるもの**を**「リーマン予想」**として発表しました。

1900年にパリで開かれた国際数学者会議においてこれが取り上げられ、世界中の名だたる数学者たちに解決が求められましたが、それはなされませんでした。その後、数々のリーマン予想の証明が提出されるも、ことごとく反証されています。

そして、予想の発表から約150年後、アメリカのクレイ数学研究所が、**ミレニアム懸賞問題**として100万ドル（約1億4000万円）の懸賞金をかけました。

2002年の段階では数百台のパソコンを駆使しましたが、証明には至っていません。今後、人工知能や量子コンピュータ、はたまた天才数学者の登場によってリーマン予想が解決され、素数の謎にさらに1歩迫ることができるのでしょうか。

コラム

数学の世界にある「定理」と「予想」

三平方の定理、中点連結定理、メネラウスの定理、余弦定理など、私たちは数学でたくさんの「〇〇定理」を学びました。一方で、先ほどご紹介したリーマン予想をはじめ、コラッツ予想、abc予想などの「〇〇予想」と呼ばれるものが存在します。**「〇〇定理」は学校で学びましたが、「〇〇予想」は中学や高校では教えてくれませんね。**定理と予想では一体何が違うのでしょうか。

数学の世界では用語の意味をはっきり述べたものを「定義」といい、真偽のはっきりする文章や式のことを「命題(めいだい)」といいます。そして、定義に従って導かれた命題を「定理」といいます。まだ証明されていない命題を「予想」と呼ぶのです。

ミレニアム懸賞問題の1つに1904年に提出された「ポアンカレ予想」というものがあり、約100年後の2003年に証明がなされました。現在でも「ポアンカレ予想」と呼ぶことが多いのですが、既に証明済みなので「ポアンカレの定理」が正しい表現になりますね。

5
「セミの大量発生」と「素数」の不思議な関係

7月末のある日、自宅でわが子が熱心に調べ物をしています。夏休みの理科の宿題で自由研究のテーマを探しているようです。夏の風物詩といえば花火や風鈴、高校野球などがありますが、理科に関連するなら「セミ」が候補に挙げられます。

セミの中には「素数」と繋がりが深い種が存在します。素数は1と自分自身以外に約数をもたない数で、2、3、5、7、11、13、17……と無限に続く数でしたね。RSA暗号でも登場した素数ですが、自然界の中にも現われるのですね。

アメリカに生息するセミの中には**13年ごとに羽化（うか）するセミと、17年ごとに羽化するセミ**がいます。このように羽化する周期が正確に決まっているセミを「周期ゼミ」といいます。羽化の周期が13年や17年になる理由ははっきり解明されたわけではありませんが、現在のところ有力な説が2つあります。

▽最小公倍数が大きくなる＝「同時発生」を減らせる

1つ目の説は**「捕食者から逃れやすくするため」**です。

この地域のセミの周期は12年～18年がちょうどよいことが知られています。セミにとって代表的な捕食者は鳥ですね。鳥のライフサイクルはだいたい3年か4年ですので、これをそれぞれ天敵A、天敵Bとしましょう。すると、天敵Aは3年ごと、つまり3年後、6年後、9年後……と3の倍数の年に発生します。また天敵Bは4年後、8年後、12年後……と4の倍数の年に発生します。

これらの危険な年に毎回遭遇することはまず避けたいので、3の倍数の15と18、4の倍数の16、3と4の倍数の12は周期としてあまり望ましくありません。かつ、セミにとってちょうどよい周期の12年～18年に該当する年を考えると、セミの周期として候補に挙がるのは13年、14年、17年になります。

その中で、さらに羽化にとって望ましいタイミングを考えます。

天敵A、天敵Bのそれぞれに出会うのは当然避けたいですが、最も危険なのは天敵

捕食者から逃れるには？

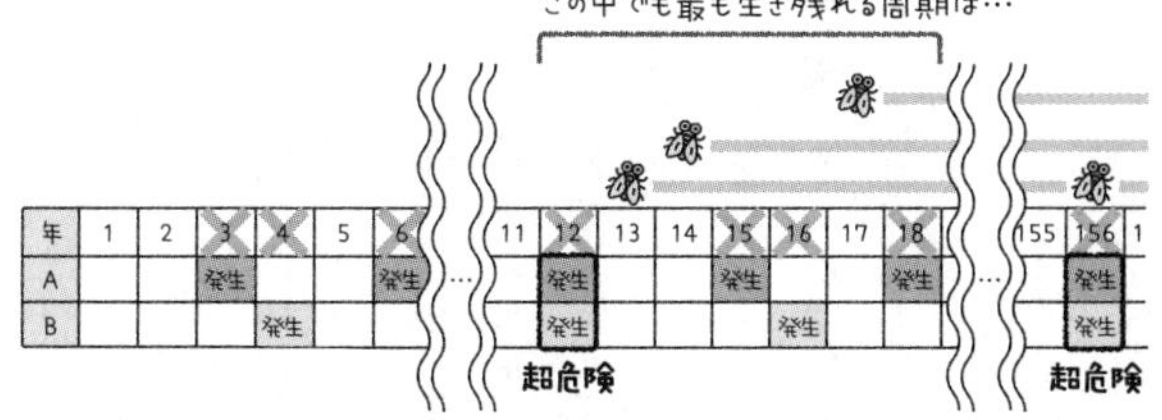

たとえば…
13年周期セミと、3年周期の天敵 A と、4年周期の天敵 B
が同時発生するタイミング
→13 と 3 と 4 の倍数が重なる最も早いタイミング
→13 と 3 と 4 の最小公倍数…**156年後**

Aと天敵Bの両方が同時発生するタイミングですね。

たとえばセミの周期が13年のとき、最も危険なのは13の倍数と3の倍数と4の倍数が重なる年です。最も早くて13と3と4の最小公倍数である**156年後**になりますね。同じようにして、周期が14年のときは84年後、17年のときは**204年後**となります。

このように、セミの羽化する周期を13や17といった**素数にすることで最小公倍数が大きくなり、複数の敵と同時に遭遇する頻度を下げることができます**ね。その結果、セミが生存する可能性が高まります。

2つ目の説は**「交雑を避けるため」**です。

生物学者の吉村仁(よしむらじん)先生によると、**セミの近隣種との交雑はその種の絶滅リスクを高めてしまう**そうです。交雑とは、別の種の雌と雄とをかけあわせて雑種を作ること、近隣種とは似ている種だけれども同じ種ではないものです。

たとえば周期が12年のセミCと、周期が18年のセミDが交雑したとしましょう。すると、周期が12年や18年のセミに加えて、周期が15年のセミなども生まれてしまう可能性があります。そうしますと、本来セミCどうしから生まれてくる子孫の数が、相対的に減ってしまいます。トータルのセミの数は変わらなくても、**異なる周期のセミが誕生することで、同じ年に羽化する同種のセミが少なくなる**のです。

この問題を避けるのに、13や17といった素数がカギを握ります。素数はほかの数との最小公倍数を大きくするのでしたね。**周期を素数にすることで、周期が違う近隣種が同時発生することが少なくなり、交雑する頻度を減らすことができます**。このように、危険な交雑の可能性を低くする生存戦略に素数が活躍してくれるのですね。

冒頭で述べた自由研究ですが、「素数ゼミ」→「素数」→「リーマン予想」の流れでいきますと、数学に関連したテーマになりますね。ぜひご参考にしてください。

ほかの周期のセミと交雑しないためには？

たとえば、
12 年周期セミと同時発生してしまうタイミング
→12 の倍数と自分の周期年の倍数が重なる最も早いタイミング

13 年周期ゼミ→12 と 13 の最小公倍数→156 年後　長い！
14 年周期ゼミ→12 と 14 の最小公倍数→84 年後
15 年周期ゼミ→12 と 15 の最小公倍数→60 年後
16 年周期ゼミ→12 と 16 の最小公倍数→48 年後
17 年周期ゼミ→12 と 17 の最小公倍数→204 年後　長い！
18 年周期ゼミ→12 と 18 の最小公倍数→36 年後

13 年周期ゼミと 17 年周期ゼミだけ 3 桁だ！
ほかのセミより長いこと同時発生しないんだね！

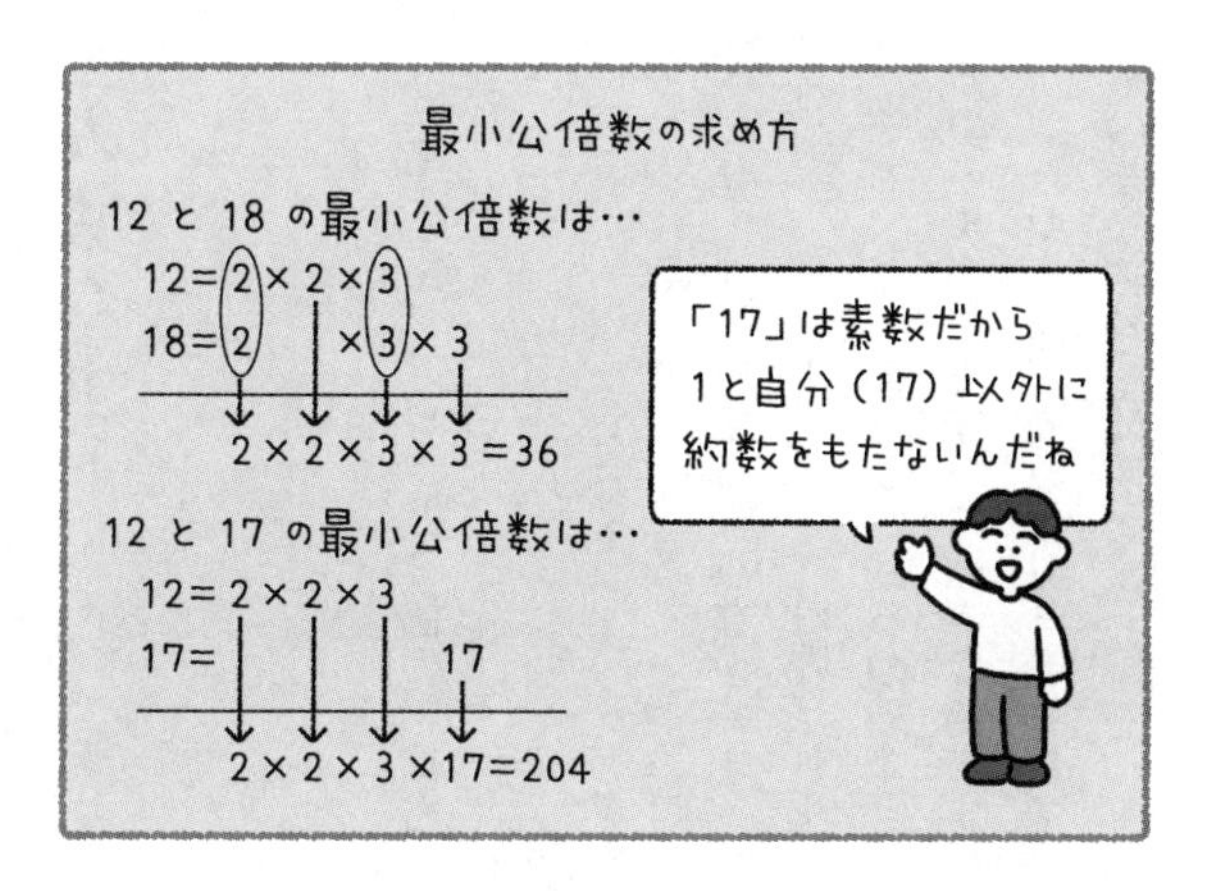

6 栗まんじゅうが地球を埋め尽くす！恐怖のバイバイン

お家でおやつに大福もちを食べている高校生のトモキさん。ペロッと2個の大福もちを食べましたが、まだ物足りない様子です。

「もっと大福もちが食べたい……」

皆さんもご存知の『ドラえもん』のとあるエピソードでは、似たようなシチュエーションであるひみつ道具が登場し、驚くようなストーリー展開をするようなのです。

その道具は何でも5分ごとに倍に増やしてくれる薬で、「バイバイン」と呼ばれます。のび太くんはおやつの栗まんじゅうを増やしたくて、これをふりかけるのです。

こうして倍増していく栗まんじゅうを食べ続けるのですが、さすがに飽きてきますね。お腹一杯になったのび太くんは、食べきれなかった栗まんじゅうをゴミ箱に捨ててしまうのです。もちろん、バイバインの効果はそのまま継続中です……。

さて、このまま5分ごとに倍増する栗まんじゅうを放置すると、どうなってしまうのでしょうか。

はじめに1個だけ残った栗まんじゅうは、5分後には2倍に増えて1×2＝2個になります。さらに5分後（はじめから10分後）には2個の栗まんじゅうがそれぞれ倍に増えますから、2×2＝4個になります。そこから5分後（はじめから15分後）には4×2＝8個となり、以下同じようにして考えると、1時間後には4096個、2時間後にはなんと約1680万個にもなります！　1680万個の栗まんじゅうなんて、数が多すぎてどのくらいの量なのかもイメージしにくいですね。

このように同じ数を何度もかけ合わせていく場合、その様子を**「指数」**を使った関数y＝a^xで表わすことができます。指数とは、aのx乗の「x」のことで、**aを何回かけ合わせたたか**を示します。この**指数関数は、爆発的に増加するのが特徴**です。

ごく一般的な栗まんじゅうの大きさを想定すると、このまま放置していれば**5時間ほどで栗まんじゅうが地球全体を埋め尽くす**ほど増えることになります。漫画やアニメの話だから笑えますが、実際に起きるとなると恐怖ですね。世界が大混乱に陥って（おちい）あたふたしている間に栗まんじゅうが地球を覆い尽くしてしまいます……。

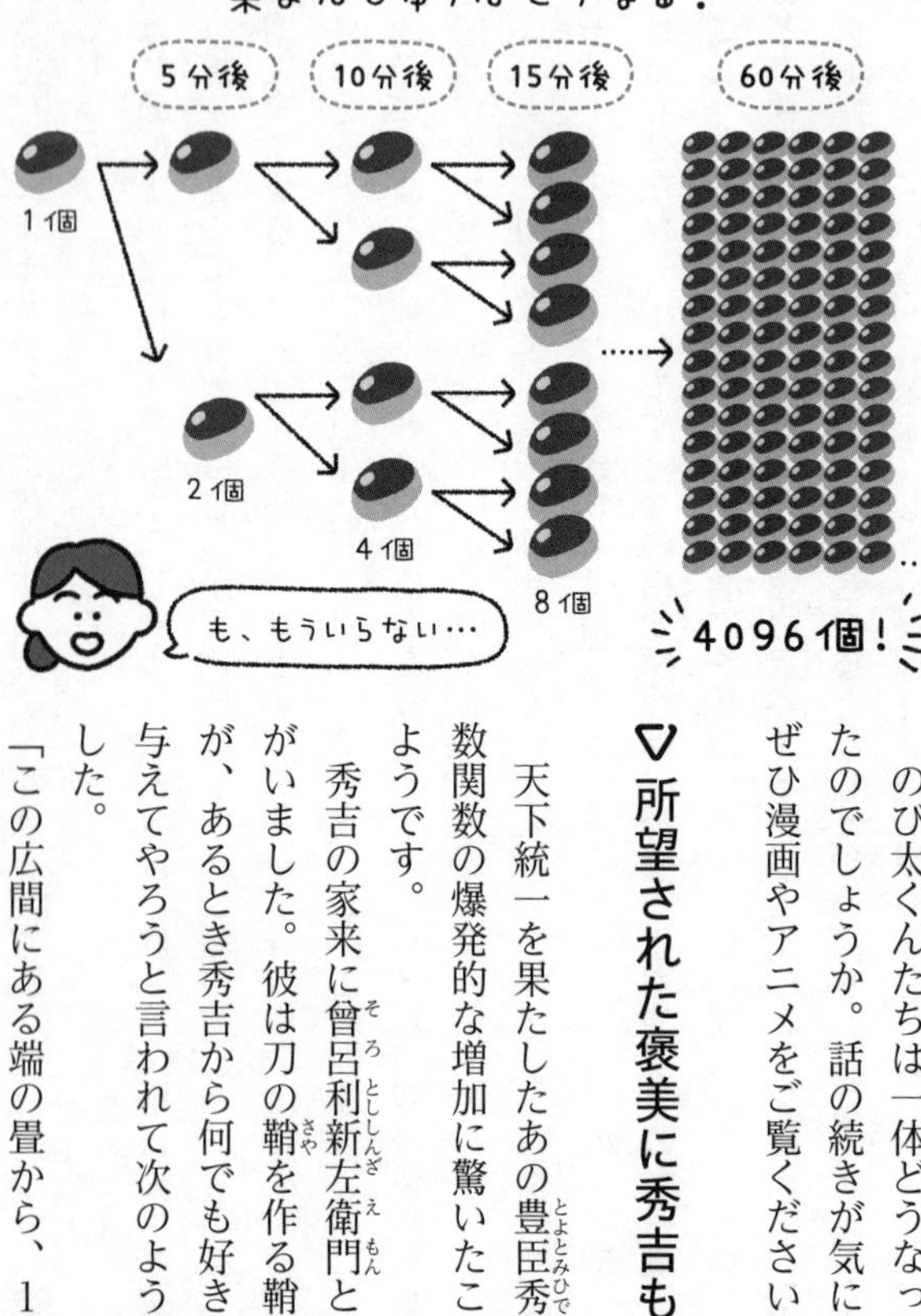

のび太くんたちは一体どうなってしまったのでしょうか。話の続きが気になる方は、ぜひ漫画やアニメをご覧くださいね。

▽所望された褒美に秀吉も大慌て

天下統一を果たしたあの豊臣秀吉(とよとみひでよし)も、指数関数の爆発的な増加に驚いたことがあるようです。

秀吉の家来に曾呂利新左衛門(そろりしんざえもん)という人物がいました。彼は刀の鞘(さや)を作る鞘師でしたが、あるとき秀吉から何でも好きな褒美を与えてやろうと言われて次のように答えました。

「この広間にある端の畳から、1畳目は米

を1粒、2畳目は倍の米2粒、3畳目はさらに倍の米4粒……これを続けて、この広間にある100畳分の米粒をいただけますでしょうか」

この話を聞いた秀吉ははじめ余裕の表情で、この程度の褒美を欲しがるものなんだなと思いました。しかし、もう皆さんはおわかりですね。ドラえもんのバイバインで見たように、指数関数は「爆発的に増加」するのでした。

・1畳目　米1粒　……
・10畳目　米512粒　……
・20畳目　米52万4288粒　……
・50畳目　米562兆9499億5342万1312粒　……
・100畳目　米63穣3825秭3001垓1411京4700兆7483億5160万2688粒

このように**50畳目まででも約563兆もの莫大な米粒を与えなければなりません。**途中で気づいた秀吉は、あわててほかの褒美に変えてもらったそうです。

はじめは大したことがなくとも、指数関数をなめていると痛い目を見ることになりますね。

7 紙を何回折ったら富士山の高さを超えるのか？

バイバイン、豊臣秀吉に続き、指数関数を身近に感じられるのが今回のお話です。普段使っていると厚みをほとんど意識することのない「紙」ですが、折る度(たび)に厚みが増し、理論上はやがて富士山の高さをも超えていきます。皆さんは何回ぐらい折ればよいと思いますか？

1万円札とほぼ同じ、厚さが0・1㎜の紙を用意します。富士山の高さは3776mでしたね。語呂合わせを使った覚え方は「皆なろう（3776）よ、富士山のように」です。

これまでのように0・1㎜の紙を折る度に倍の厚さになることを計算していってもよいですが、今回は少し楽をしましょう。2を10回かけた数、つまり2^{10}（このとき

「10」が指数です）は**1024**になることを利用します。2^{10}の値は知っておくと何かと便利ですので、覚えておくことをオススメします。厚さ0・1㎜の紙を1回折ると0・2㎜になり、10回折ると102・4㎜、つまり10・24㎝になるのです。

さて、その続きを見ていきましょう。

・10回目　10㎝　➡　はがきの横の長さ（短い方）
・11回目　20㎝　➡　サッカーボールの直径（小学生用）
・12回目　41㎝　➡　新聞紙1面の横の長さ
・13回目　82㎝　➡　野球のバットの長さ（中学生用）
・14回目　164㎝　➡　中学3年生男子の平均身長
・18回目　26m　➡　学校の25mプール
・19回目　52m　➡　『進撃の巨人』の50m級大型巨人
・23回目　839m　➡　ドバイにある世界一高いビルくらい（828m）
・24回目　1678m　➡　子持権現山（こもちごんげんやま）（高知と愛媛の県境にある山）の標高
・25回目　3355m　➡　富士山より少し低い
・26回目　6711m　➡　富士山をはるかに超える！

このように**26回折ると、紙の厚さは富士山の高さを超える**ことができます。意外と少ない回数だと感じませんか？　これはあくまで理論上の話でして、実際に紙を折ってみようとすると、常識的な大きさの紙では**せいぜい6回〜8回が限界**です。折り紙などで試してみると、実感が湧くかと思います。

▽あっという間に月まで到達!?

何回でも折り続けることができる架空の紙を想定して、このまま折り続けていくとどうなるでしょうか。せっかくなので、調べてみましょう。

- 27回目　13㎞　➡　時速40㎞の車で約20分走った距離
- 28回目　27㎞　➡　東京から横浜までのおよその距離
- 32回目　429㎞　➡　東京から神戸までのおよその距離
- 35回目　3436㎞　➡　日本列島（約3000㎞）よりも長い
- 41回目　21万9902㎞　➡　地球を5周（約20万㎞）分より長い
- 42回目　43万9805㎞　➡　地球から月までの距離約38万㎞を超える

厚さ0.1mmの紙が月に届く!?

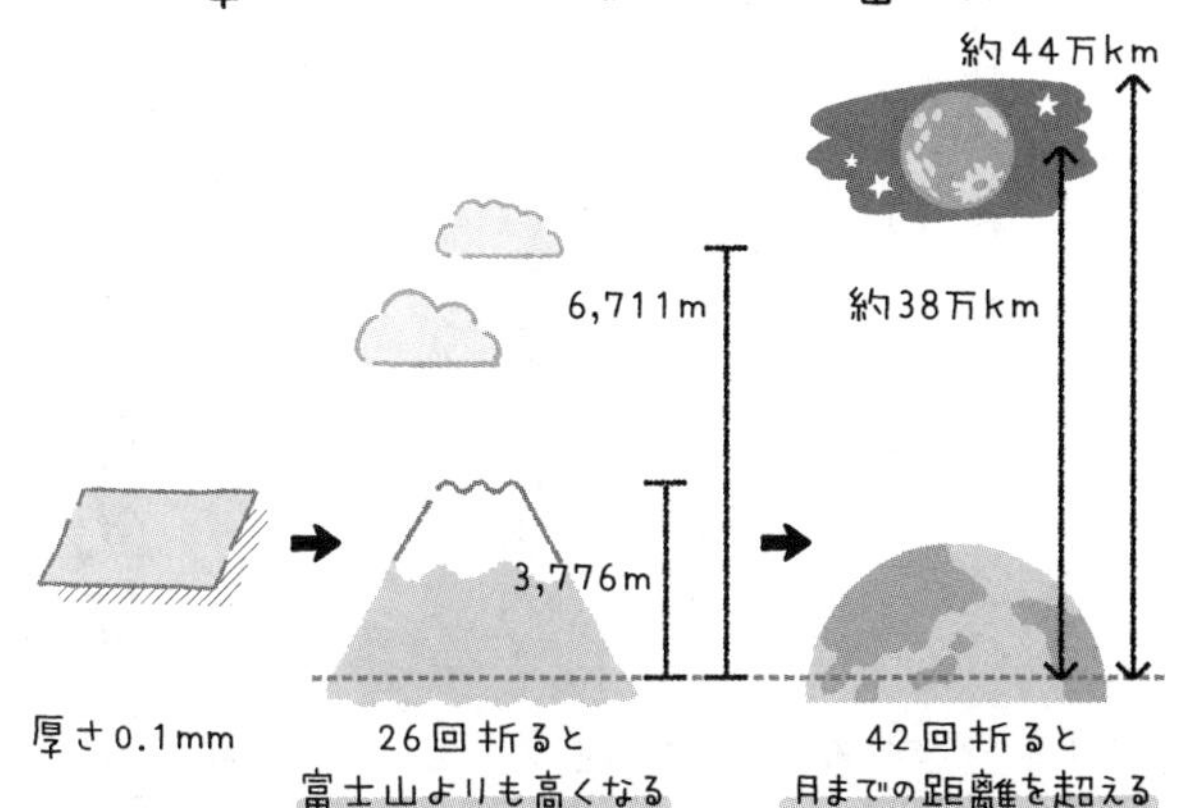

はじめは厚さがわずか0・1㎜だった紙も、折り続けていくと26回目で富士山の高さを超え、35回目では日本列島よりも長くなり、42回目では、地球を出発して月まで到達できるほどの厚さになりました。宇宙空間へステージが上がりましたね。

実際に計算してみるまでは、何百回も何万回も折り続けないといけないような気がしますが、想像するよりはるかに少ない回数で月まで届きます。

指数関数の爆発的な増加は、私たちが直感で感じるよりもはるかに勢いがあります。次項では、私たちの役にも立つ指数関数と「お金」のエピソードをご紹介しますね。

8 トイチを受け入れたらドエライことになる!?

あともう少しで給料日だというときに、会社の同僚の結婚式や親戚のお葬式が重なってしまった会社員のヨウヘイさん。10万円が必要ですが、給料日前なので手持ちのお金がありません。仕方ない、友達から借りよう。

「10日ごとに、1割の利息をつけて返してくれるならいいよ」

こう言われたヨウヘイさん。10日ごとに利息が1割なのでトイチと言われますが、これはかつてのヤミ金ぐらいの暴利なのです。

ですが、消費者金融や銀行で手続きするのも嫌だし、数字に弱いヨウヘイさんは受け入れてしまいます。無事に冠婚葬祭のお金を賄(まかな)えましたが、その後もなかなか余裕がなく返済できないまま時が過ぎてしまいました。そして半年後……。

長いこと放置していたヨウヘイさん、返済額は一体いくらになったのでしょうか。

シンプルに考えられるように、今回は1ヶ月を30日だと仮定します。10日後には利息が1割なので、**返済額は元金（10割）にこれを足して11割（小数を用いると1・1）**になりますね。つまり、借りてから10日後の返済額は10万円×1・1＝11万円となります。さらに10日後、つまり借りてから20日後には11万円のさらに1・1倍になります。同じ計算が続いて、半年（180日）後まで見てみましょう。

・10日後　10万円×1・1＝11万円
・20日後　10万円×1・1×1・1＝12万1000円
・30日後　10万円×1・1×1・1×1・1＝13万3100円

このように、返済額は10日ごとに1・1倍されていくのですね。ずっと1・1倍が続くので、これは**指数関数**の考え方です。ドラえもんのバイバインや豊臣秀吉と曾呂利新左衛門のエピソードでは、2倍が繰り返されて爆発的に増加しましたが、今回は1・1倍ずつになります。2倍に比べたら大したことがないと思うかもしれませんが、やはり指数関数はなめていたら痛い目をみます。

話を本題に戻します。半年（180日）後には1・1が18回繰り返されますので、返済額は10万円に1・1の18乗をかけた金額となります。1・1の18乗はおよそ5・

56なので、10万円×5・56＝**55万6000円**！　はじめ10万円だったものが半年後にはその5倍以上の額になるなんて、信じがたいですね。

▽返済額が1000万円を超える日

もしヨウヘイさんが友達に返済せずそのまま放置していたら、返済額は何日後に1000万円を超えるのでしょうか。

10日ごとに返済額が増えていきますので、10日が何回繰り返されたかを考えましょう。10日がx回繰り返されるとすると、返済額は10万円に1・1のx乗をかけた金額となります。これが1000万円となるのですから、10万×1.1^x）＝1000万。これを解くとx≒48・32となります。10日が48・3回より多く繰り返されているということなので、484日後というわけです。

つまり約1年4カ月後には、10万円の借金が1000万円に膨れ上がるわけです。トイチがいかに暴利か実感していただけたでしょうか。お金を借りるときは安易に考えず、金利に敏感になってくださいね。

「トイチ」でお金を借りてみた

「トイチ」なら
10万円貸してあげる

あーん
ありがとう!!

助けて～

10日後　10万円×1.1＝11万円

20日後　10万円×1.1×1.1
＝10万円×1.1^2＝12万1000円

30日後　10万円×1.1×1.1×1.1
＝10万円×1.1^3＝13万3100円
：

180日後（半年後）　10万円×1.1^{18}≒55万6000円

エライこっちゃ！早く返さなきゃ！

そうだ！

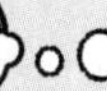

何日間貸したら1000万円になるかな？

「10日間」がx回繰り返されると1000万円を超える
→10万円×1.1^x＝1000万円
x≒48.32
→「10日間」が48.3回より多く繰り返されると
1000万円を超える
→484日後

484日くらい借りてていいよ～

ダイジョウブデス…

9 住宅ローンで支払う利息はいくら？

靴、鞄（かばん）、時計、車……。大人になると自分の稼いだお金で好きなものを買えるようになりますが、多くの方にとって人生の中で最も高価な買い物になるのは住宅でしょうか。そのほとんどの人が自己資金だけで購入はせず、住宅ローンで借入れをして購入することになります。

トイチの例のように、お金を借りるときには「金利」に注意しなければなりません。金利を意識していないと、**支払う利息の金額が自分の想像を超える**ことがあるからです。さすがに住宅ローンでトイチのような暴利はあり得ませんが、借入をする前には数十年にわたり自分が継続して返済できるかどうかを吟味する必要がありますね。

住宅ローンの中で認知度の高いものの1つに、全期間固定金利の**「フラット35」**がありします。借入金が4000万円だとして、返済期間と金利の組み合わせを8パター

住宅ローン「フラット35」の金利

返済期間	15 ～ 20 年	21 ～ 35 年
金利範囲	年 1.290 ～年 2.650 %	年 1.720 ～年 3.080%

2023年8月現在。住宅金融支援機構

4000万円を固定金利で借りる場合の総支払額

		返済期間	
		15 年	20 年
金利	年 1.290 %	¥ 44,016,120	¥ 45,402,960
	年 2.650 %	¥ 48,518,820	¥ 51,575,040

35年で3.080%金利だと
利息だけで
2500万円超え!?

		返済期間	
		21 年	35 年
金利	年 1.720 %	¥ 47,686,212	¥ 53,268,180
	年 3.080 %	¥ 54,370,260	¥ 65,407,020

返済額に最大約 **2140万円**もの差がある！！

（参照 ： 滋賀県信用組合 ローンシミュレーション）

ンに分けてシミュレーションしてみましょう。

　返済期間が短いほど（早く返せる人ほど）低い金利で済ませることができます。

　８パターンの中で金利が最も低い年利１・２９０％、最短期間15年の場合は総支払額が約４４０２万円になります。元金は４０００万円なので、**利息は約４０２万円**です。利息だけで車一台が買える金額ですね。

　一方で、金利が最も高い年利３・０８０％、最長期間35年の場合は総支払額が約6541万円になります。元金との差は約6541万－4000万＝約2541万なので、**利息は約2541万円**にもなります。

支払う利息の最高額と最低額の差は2541万－402万＝2139万円です。ともに元金は4000万円と同じなのに、**金利と返済期間が異なるだけで、利息は約2140万円もの大きな差がでてきます。**

当然ながら私たちが借入れをする際にはなるべく利息の金額を小さくしたいので、金利は低く、返済期間は短くなるように心がけたいです。

住宅ローンのような複利（「元金＋利息」に利息がつく）の場合、返済額は指数関数的な増え方になりますので、**「金利の小さな差」が「返済額の大きな差」**となります。

▽そうだ、頭金を用意しよう！

利息に支払う金額をできるだけ小さくするためには、頭金を用意するのも有効です。

頭金は費用総額の1割～2割が理想とされますので、今回の場合は4000万円の2割で800万円を頭金として用意し、残りの3200万円を借りた場合をシミュ

頭金を出すとこんなにお得！

4000万円を、800万円の頭金＋3200万円を固定金利で借りる場合の総支払額

		返済期間	
		15年	20年
金利	年 1.290 %	¥ 35,212,860	¥ 36,322,320
	年 2.650 %	¥ 38,815,020	¥ 41,260,020

さっきより減った！
よかったー

		返済期間	
		21年	35年
金利	年 1.720 %	¥ 38,149,020	¥ 42,614,460
	年 3.080 %	¥ 43,496,208	¥ 52,325,700

レーションしてみましょう。

上の表のように、金利が最も低い年利1・290％、最短期間15年の場合は約3521万－3200万で、**利息は約321万円**になります。

金利が最も高い年利3・080％、最長期間35年の場合は約5233万－3200万で**利息は約2033万円**になります。4000万円満額を借りる場合に比べて額が小さくなっていますね。

住宅購入は人生の一大イベントで、ライフプランに大きく影響するものです。金利、返済期間、頭金のバランスをとって無理のない範囲で、なるべく支払う利息の額が小さくなるようにしたいですね。

10 テレビの視聴率1%は何人が見ているの?

「ハズレなく面白い、高視聴率ドラマTOP10」

ネットでこんなタイトルを見つけ記事を読んでみると、ドラマの概要と視聴率が紹介されており、1位から3位までのドラマの視聴率は10%を超えていました。日本の人口は約1億2000万人なので、視聴率10%とは「1200万人が見ている」ということでしょうか。これは一体どのように算出しているのでしょうか。

膨大な数のデータを扱うのに**「全数調査」**と**「標本調査」**の2つの方法があります。

全数調査は名前の通り、全部のデータを調べていきます。たとえば、学校でする健康診断です。健康診断は1人1人しっかり診る必要がありますね。一部の生徒だけを診て全体の傾向を把握しているわけではありません。他には国勢調査、空港での手荷物検査などが挙げられます。

一方の**標本調査は、全体の「一部だけ」を調べて全体の傾向を推測します**。具体例としては、缶詰の品質検査、選挙の出口調査などです。

テレビの視聴率も、この標本調査で算出しています。

▽イメージは「スープの味見」

日本の総世帯数はおよそ**5000万世帯**ですから、全数調査でテレビの視聴率を調べようとすると莫大なコストと労力がかかりますね。そんなときに標本調査を活用するのです。

たとえば**関東エリアでは2700世帯、関西エリアでは1200世帯を調査**して、全国の視聴率を推計しています。調査世帯数が意外と少なくて驚いたかもしれません。たったそれだけの調査数で全体を推測できるのか⁉　とツッコミたくなりますが、標本調査を理解するには「スープの味見」をイメージするとよいでしょう。

学校の給食のように大きな鍋でスープを作る場合、スープ全部を飲み干して味見するのは現実的ではありません。一部だけを小皿にすくって（全体の）味見をしますね。

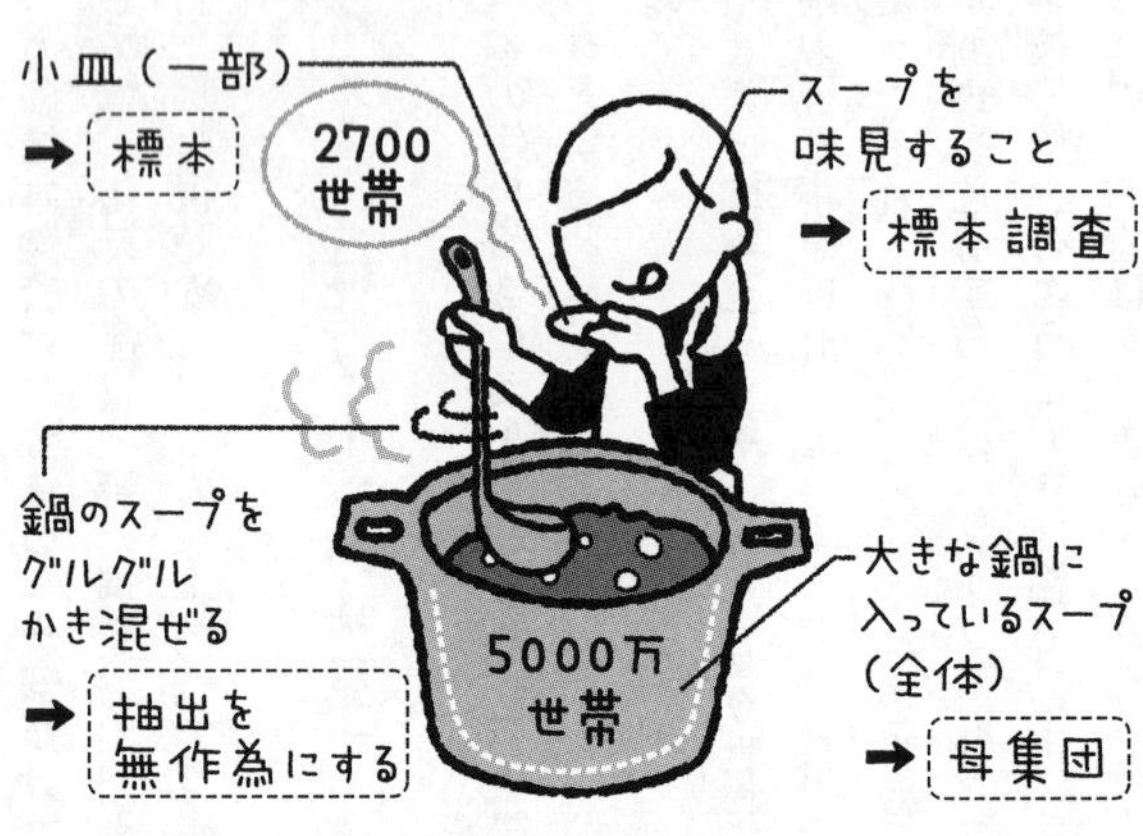

このときに注意するのは、スープをグルグルかき混ぜて、**なるべく全体の味が均一になるようにする**ことです。味が一部に偏ってはいけないですからね。

視聴率調査が開始されたのは1962年からです。日本には約30のテレビ放送エリアがあり、その各エリアで「株式会社ビデオリサーチ」が視聴率調査を実施しています。エリア内のテレビ所有世帯から無作為に調査対象が選ばれ、そのデータ結果から視聴率を算出しているのです。

テレビの視聴率1％というと、どのくらいの人が見ていると推定されるのでしょうか？　たとえば関東エリアで算出した場合、

「世帯視聴率が1％」というと約18万世帯が見ていることになります。そして**「個人視聴率が1％」の場合には約40万人が視聴した**と推定されます。1％というと「少ない数」と考えてしまうかもしれませんが、換算すると大きな値になりますね。

▽視聴率についての「よくある誤解」

「日本は人口1億2000万人なので視聴率1％は120万人が見ている」「視聴率が20％なので5人に1人が見ている」というのは、視聴率についての「よくある誤解」です。誤解をしないためには、次のことを知っておく必要があります。

- ・視聴率は基本的に世帯数ベース（世帯視聴率）なので、正確な人数が把握できない
- ・テレビをもたない世帯は除外されているので、国民全体の数値ではない
- ・特定の地域に偏っているため、視聴率の値には地域性が出る
- ・全員を調査することができないので、データが限られる

以上のように、正確な数値に換算しようと計算しても、実際の値とは大きく異なります。視聴率はあくまでも**指標の1つとして考えるとよい**でしょう。

11 ミレニアム懸賞問題を解いたら億万長者！

日曜日の昼、リビングに行くとお母さんが真剣に何かに取り組んでいる様子です。朝からクロスワードパズルを解いていて、夕方までに終えて懸賞に応募するのだそうです。

クロスワードパズルやジグソーパズルなどは頭の体操になる上に、もしかしたら懸賞金やプレゼントが当たるかも!?　とワクワク感まで味わえるいい趣味ですね。

実は数学界にも懸賞問題が存在します。

それが、アメリカのクレイ数学研究所が2000年に発表した**「ミレニアム懸賞問題」**と呼ばれるものです。29ページでも少しご紹介しましたね。全部で7問あり、すべて非常に難解です。

「ミレニアム」とは、西暦の1000年単位のことで、発表されたのがちょうど2000年（ミレニアムイヤー）のため、このように名付けられました。**懸賞金額は1つの問題につき100万ドル（日本円で約1億4000万円）**です。全部解いたら10億円以上にもなりますね！

賞金を獲得するためには、自分で解けたと主張するだけではダメです。しっかり論文を発表して、専門家による論文のチェック（これを査読といいます）を経る必要があります。

さらに2年間を経て学界に受け入れられて、クレイ研究所科学諮問（しもん）会議がさらに検討を加え、理事会が授賞を決めます。1億円超えの懸賞金がかかっている問題ですので、そう簡単にはいきませんね。

それではミレニアム懸賞問題をご紹介します。

1　ヤン-ミルズ方程式と質量ギャップ問題…量子論や素粒子論。物理学に関連。

2　リーマン予想…ゼータ関数についての問題。素数の**並び方**に関連。

3　P≠NP問題…計算機科学の問題。コンピュータ・サイエンスに関連。

4　ナビエ–ストークス方程式の解の存在となめらかさ…流体力学の方程式について。物理学に関連。

5　ホッジ予想…代数幾何学（幾何学を代数的な手法を使って研究）の問題。

6　ポアンカレ予想…位相幾何学（図形や空間の性質を分析）で**球体に関する**問題。

7　BSD予想…数論（整数の性質を研究する分野）の問題。

これらミレニアム懸賞問題のうち、ポアンカレ予想はロシアの数学者グレゴリー・ペレルマンによって証明され、2006年に解決することができました。現在は残り6つが未解決問題として残っています。

▽100年前に公表されたヒルベルトの23の問題

実は、今から100年以上前にも似たようなことがあったのです。

1900年の8月にパリで開催された国際数学者会議で、ドイツ人数学者**ダフィット・ヒルベルト**（一般相対性理論に関する方程式の優先権をアインシュタインと争ったこともある人）が、その当時未解決だった数学問題（**23の問題**）を「20世紀に解決されるべきもの」として公表しました。当時の数学界をけん引するリーダー的存在のうちの1人が、世界中の数学者に解決を求めたのです。

これの現代版がミレニアム懸賞問題といえますね。

23の問題のうち多くは解決しましたが、現在のミレニアム懸賞問題にも含まれている未解決の問題が**リーマン予想**です。160年以上も未解決であり、現在の数学問題の中でも最も難問と言われています。

ヒルベルトは生前こんな言葉を残していたといいます。

「もし私が1000年の眠りから目覚めたら、真っ先にこう尋ねるであろう。『リーマン予想はもう解けたのか？』」

12 フィールズ賞も100万ドルも辞退した数学者——ペレルマン

先ほどご紹介した7つのミレニアム問題のうちの1つ、ポアンカレ予想は、フランスの数学者**アンリ・ポアンカレ**が1904年に提出した**トポロジー**に関する問題です。1904年というと歴史で学んだ日露戦争と同じ時期ですね。

トポロジーは位相幾何学ともいいまして、図形や空間の性質を分析する分野です。ざっくり言いますと、図形を切断したり貼り合わせたりせずに**伸び縮みさせて同じ形になれば、同じ形（これを同相と呼びます）に分類できますよ**という考え方です。

たとえば、いろんな形に変形できるゴムの膜があったとします。このゴムの膜を伸び縮みさせて三角形や四角形、円などの平面図形を作ることができますね。トポロジーではこれらの平面図形を同じ形（同相）とみなすのです。

では、次元を1つ加えた3Dの立体図形ではどうなるでしょうか。このときには

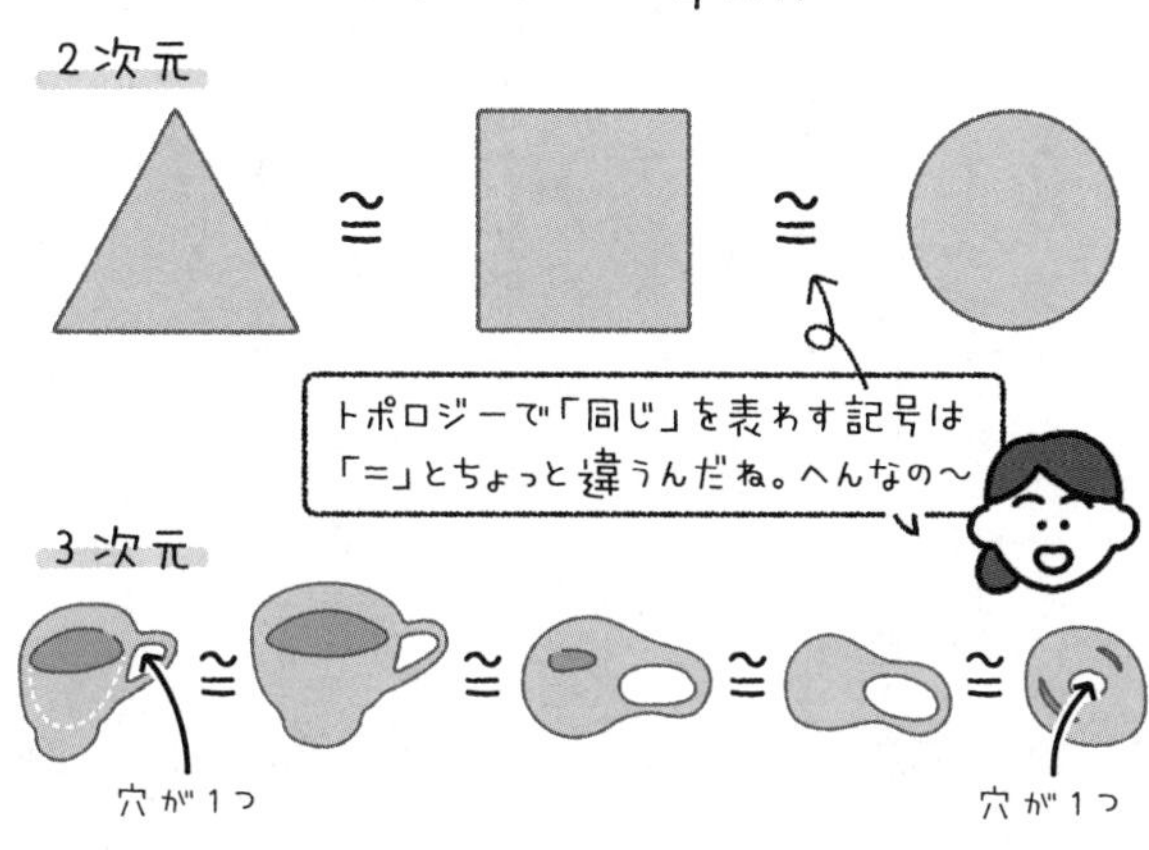

「穴の数」が分類の基準になってきます。

たとえば、コーヒーカップとドーナツはともに穴が1つだけあいていますね。そしてゴム膜でできたコーヒーカップを変形してドーナツを作ることができます。ですので、**トポロジーではコーヒーカップとドーナツが「同じ形」**とみなせるのです。穴の数が同じであれば同じ形とみなせるのは、なんだか不思議な感じがしますよね。

ポアンカレ予想は球体に関する問題で、「穴のない三次元図形は、三次元球体と同相である」というものです。このままではチンプンカンプンですので言い換えますと、**「どこにロープを置いても、縮めて1点に回収できる図形は、だいたい球とみなせる**

よ」となります。たとえば、無限に伸びるロープをもった宇宙船が、ロープの端を地球に固定して出発して、宇宙空間を飛び回った後に、それがどんなルートであったとしても地球に戻ってロープを必ず回収できれば、宇宙の形はおおよそ球体であることが証明できるのです。このように、ポアンカレ予想は**宇宙の形を解明する手掛かりになる**可能性を秘めているものです。

▽難題の証明をいきなりネットで公開

ポアンカレ予想を証明したのが、ロシア出身の数学者**グレゴリー・ペレルマン**です。トポロジー手法を用いて解き進めていくものだと思われていたポアンカレ予想を、**違う分野の理論をいくつも組み合わせて証明**してみせたのです。

ペレルマンは2003年に論文を発表しましたが、それは専門誌ではなく、インターネット上のアーカイブに投稿されたものでした。そして2006年、ついに正しいと認められ、ポアンカレ予想は解決されました。その功績が認められ、ペレルマンは数学のノーベル賞とも呼ばれる**「フィールズ賞」の受賞者として選出されましたが、**

辞退しました。フィールズ賞の辞退は前代未聞のことでして、彼以外には例がありません。さらに、**ミレニアム問題の懸賞金100万ドルの受け取りも拒否**したのです。「問題解決には過去の数学者たちが大きく貢献している。だから、自分だけが評価されるのは不公平だ」

「自分の証明が正しければ、それで十分。賞はいらない」

ペレルマンはこう言いました。地位や名誉、金銭に一切興味がなく、純粋に数学を愛している人物のように思えますね。ところが、そう単純な話でもなさそうなのです。

ペレルマンの成果を横取りしようとした、ある中国人の数学者に嫌気がさし、**数学界の道徳基準に失望した**とも言われています。「微分」の発見の優先権を巡って争ったライプニッツとニュートンのように（106ページ参照）、このような話は昔からありましたが、ペレルマンには耐え難かったのかもしれません。

また、マスコミ取材などで奇異の目で見られるのを嫌ったともいいます。**「動物園の希少種のような見世物にされたくない」**とも発言しています。現在は表舞台から姿を消し、故郷で母親とひっそり暮らしているそうです。恩師でも連絡が取れないそうですが、もしかしたらひそかに数学の研究を続けているのかもしれませんね。

13 「最も美しい公式」を生み出した数学者
——オイラー

テレビやYouTubeで旅番組や世界のいろんな場所を紹介してくれる番組は見ていて楽しいですね。数学者の中で世界を渡り歩いたことで知られているのが**「放浪の数学者」**ポール・エルデシュです。彼は生涯で500人以上の数学者と共同研究をし、20世紀で最も論文量が多い数学者となりました。

そして、**「人類史上」で最も論文が多い数学者**は、**レオンハルト・オイラー**です。素数の項で登場したオイラーは、1707年にスイスのバーゼルで生まれ、幼少の頃から牧師の父より数学の教育を受けました。彼の父は、将来的にはオイラーに神学を学ばせ、牧師になってもらうことを望んでいたようです。

オイラーは13歳でスイスのバーゼル大学の聴講生となり、そこで**ヨハン・ベルヌーイ**に出会います。ベルヌーイ家は数学者、物理学者を数多く輩出している名高い一族。

そんなヨハンのもとで学びたいと直談判する息子に父は反対できません。

ヨハンの個人指導が学びを進めるのに最良だったと、オイラーは後に語っています。1727年にはヨハンの息子ダニエルにロシアのアカデミーに招かれ、オイラーはここで本格的な数学の研究を始め、数多くの論文を発表することになります。

オイラーは平均すると年間あたり800ページもの論文を発表していたと言われています。これは**普通の数学者であれば一生かかってしまう量**です。こんなハイペースを18歳の頃から**50年以上も続けました**。

教授職に就き、結婚すると、40年の夫婦生活の中で13人もの子を授かりました（残念ながら両親よりも長生きしたのは、そのうち3人でした）が、なんとオイラーは子どもを膝の上に乗せながら数学の論文を執筆していたそうです！

オイラーが生涯で執筆した論文は5万ページを超え、1911年から刊行されているオイラー全集は現在も完結していません。**59歳で全盲になる**も、**「おかげで気が散らなくなった」**と言い、76歳で没するまで変わらない量の論文を生み出し続けました。30分で論文を書き上げ、そのスピードに印刷機が追いつかないなど常人離れしていたオイラー。彼の研究を支えていたのは他の追随を許さない**「圧倒的な計算力」**です。

・全盛期には8×8桁の計算をわずか2秒で即答してみせた
・弟子が悩んだ級数計算（Σ（シグマ）が登場するものです）の50桁目の値を素早く暗算した
・普通の数学者であれば数カ月かかるような懸賞問題をわずか3日で解決した
全盲となってからは計算はすべて頭の中だけで行なっており、その暗算能力は計り知れません。フランスの数学者フランソワ・アラゴは次のような言葉を残しています。

「人が息を吸うように、鳥が空を飛ぶようにオイラーは計算する」

▽数学史上で最も美しい公式

オイラーの残した業績は膨大です。その中で代表的なものをご紹介しますね。
・**オイラーの多面体定理**
中学で学ぶ内容です。立方体や直方体、三角柱などの多面体について成り立つ定理です。辺・頂点・面の数に一定のルールがあることを導いたものです。

（頂点の数）－（辺の数）＋（面の数）＝2
・**オイラー線**

高校で学ぶ内容です。三角形の外心（外に接する円の中心）、重心（質量の中心）、垂心（垂線の交点）が一直線に並び、その直線をオイラー線といいます。

・オイラーの公式

大学で学ぶ内容です。**数学史上で最も美しい公式**と呼ばれるもので、オイラーといえばこの式です。一見互いに関係なさそうに思われる数学の三大分野「**幾何学**（図形の性質についての研究）」の円周率*π*、「**代数学**（方程式の解き方についての研究）」の虚数単位*i*、「**解析学**（関数の極限や微分・積分についての研究）」の自然対数**e**、これら3つの値が「$\mathbf{e^{i\pi}+1=0}$」というシンプルな形で繋がります。

2章

学校で、職場で見かける そんなこと

——バッテリー残量から人口まで「未来を予測」する微分・積分

1 五角形だけでサッカーボールを作れるか？

体育の授業でサッカーを楽しんでいる中学生のシンタさん。サッカーボールをよく見てみると、五角形と六角形の2種類の形からできています。そこでシンタさんはふと疑問に思いました。「五角形だけのサッカーボールは作れるのかな？」

２００６年のワールドカップでは8枚のプロペラ型と6枚のローター型の面を組み合わせたボールが用いられるなど、昔ながらのボールを見る機会は減っていますが、サッカーボールといえば白黒のボールの印象が強い方もいらっしゃるかもしれません。

白黒のサッカーボールは、黒塗りの正五角形が12個、白塗りの正六角形が20個でできた三十二面体です。これに空気を入れて、できるだけ球形に近づけたものです。

この白黒のサッカーボールは「テルスター」と呼ばれるデザインで、古代ギリシアの数学者**アルキメデス**が考えた多面体の法則を利用したものです。
このボールが登場したのは１９６０年代のヨーロッパです。その当時はモノクロのテレビ放送が普及しつつあった時期なので、それまでの一色のボールではテレビで見づらいという問題がありました。テレビ中継のときにボールが見えやすいように、白と黒に色分けされたサッカーボールが作られたと言われています。

▽もともとの面の形は「正三角形」？

このサッカーボールは**切頂二十面体**（せつちょう）と呼ばれる形をしています。なんだか難しい言葉がでてきましたが、ご安心ください。順序だてて説明していきます。
サッカーボールを作るのに、複雑な多角形をいくつも組み合わせていたら生産効率が悪いですし、凹んでいたらボールとして成り立ちません。そこで、中学生のときに学んだ正多面体が登場します。これは、①すべての面が同一の正多角形でできている、②頂点に集まる面の数が等しい、③凸多面体（どこも凹んでいない）でした。
この**正多面体と呼ばれる立体は、意外にも５つしか存在しない**のです。

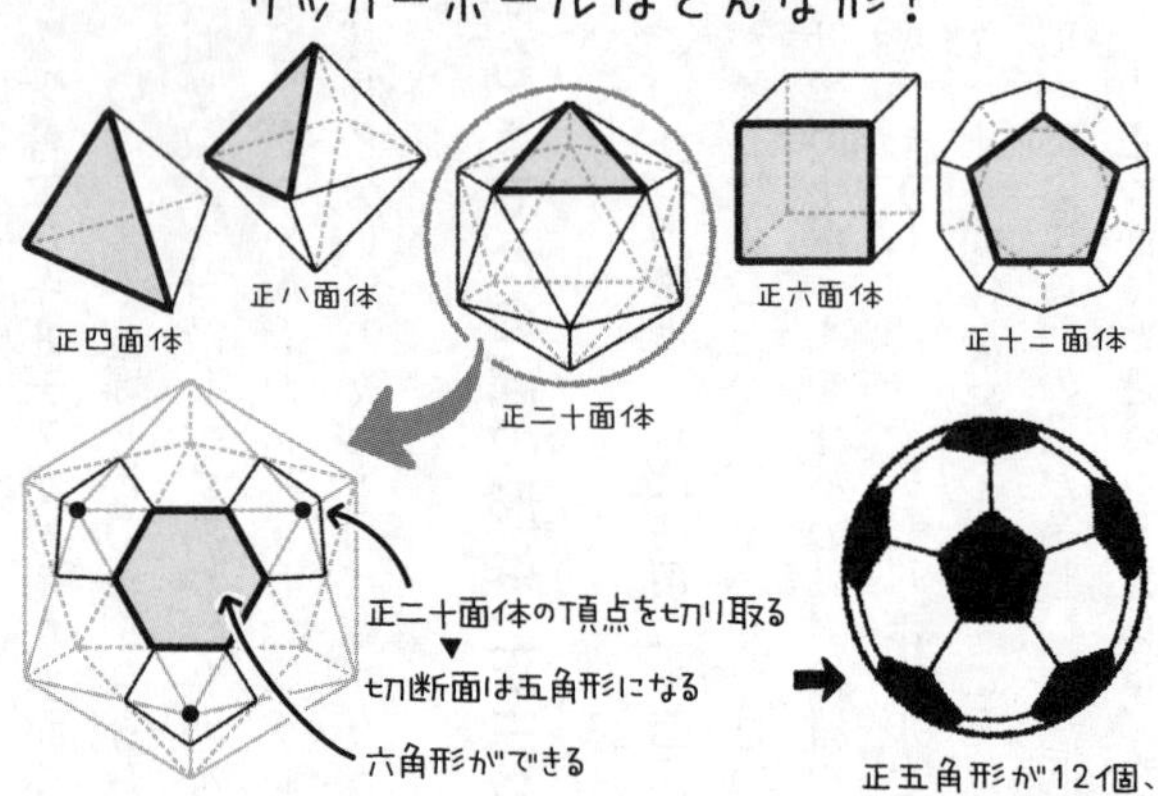

・**正三角形**だけで作られる「正四面体」「正八面体」「正二十面体」
・**正方形**だけで作られる「正六面体（立方体）」
・**正五角形**だけで作られる「正十二面体」

サッカーボールに関連するのは正三角形だけでできた正二十面体です。この各頂点を切り落とすと、切頂二十面体、つまりサッカーボールの形になります。

正二十面体の頂点を切り落としてみると、その断面は正五角形になっていますね。また、もともと正三角形だった面は正六角形になります。正二十面体の頂点は12個ありますので、その頂点を切り落としてできる新たな正五角形の面の数も12になります。

もともとあった20の面に、12の面が加わって合計32の面ができるのです。こうして黒塗りの正五角形が12個、白塗りの正六角形が20個のサッカーボールができあがります。

正五角形だけで作った正十二面体のサッカーボールでは、球状からかけ離れたゴツゴツした形になってしまいます。これでは気持ちよくサッカーができません……。また、1つの角が120度の正六角形のみでは、角が3つ集まったとき360度となってしまうため、多面体にならず、もちろんボールは作れません。サッカーボールは蹴ったときに力が均等にバランスよく伝わるようにするため、正五角形と正六角形からなる32の面が効率よく配列されることで、球状に近い形を保てています。このおかげでボールの転がり方やバウンドの方向を安定させることができるのです。

ちなみに、ここで出てきたアルキメデスは、てこの原理を発見したことで知られています。**「我に支点を与えよ。されば地球も動かさん」**と言い、シラクサが戦争に巻き込まれたときには、てこの原理を用いて発明した投石機（とうせきき）が活躍しました。

戦争で**侵略してきたローマ兵に殺される直前まで数学の問題に取り組んでいた**というからすごい集中力、サッカー選手もびっくりですね。

2 クラスで同じ誕生日の人がいるのは珍しい？

受験を無事に乗り越え、4月から高校生活がスタートした1年生のリオさん。教室で自己紹介をしていると、クラスの中に同じ誕生日の人がいることがわかりました。1年は365日もあるから、クラスで同じ誕生日の人がいるなんて、とても珍しいことだと喜んでいました。

皆さんは知り合いの中に同じ誕生日の人がいますか？　今回は、クラスの中で同じ誕生日の人が出会う確率を実際に計算して求めてみましょう。

確率は小学生で学んだ割合の考え方で求めることができます。たとえば40人のクラスの中に男子が21人、女子が19人いたとします。すると、クラス全体に対する男子の割合は、$\frac{21}{40}$、女子の割合は$\frac{19}{40}$となります。このように、**割合は「注目している**

もの」÷「全体」で求められるのでした。

確率も同じです。たとえば、サイコロを1回投げて、6の目が出る確率を求めてみましょう。サイコロを1回投げると、目の出方は1〜6までの6通りです。そのうち1の目が出るのは1通りですね。ですので、求める確率は$1\div6=\frac{1}{6}$となります。

天気予報の降水確率は百分率の％を使って表わしますが、数学の確率では一般的に分数を使って表わします。ちなみに、100％は1のことですので、**確率をすべて合わせると1になります**。先ほどの男子と女子の割合を足し合わせると、$\frac{21}{40}+\frac{19}{40}=\frac{40}{40}=1$なので、確かに1になっていますね。

▽同じ誕生日の人が〝いない〟確率を考えてみる

クラス40人の中で同じ誕生日の人がいる確率を求めようとするとき、同じ誕生日の人が1組だけの場合、2組だけの場合……と場合分けして考えていくとかなり面倒なことになります。このように**直接求めるのが難しいときには、正面突破ではなく裏道を探してスッと通りましょう**。確率をすべて合わせると1になるので、

「同じ誕生日の人がいる確率」＋「同じ誕生日の人がいない確率」＝1　つまり、

「同じ誕生日の人がいる確率」＝1－「同じ誕生日の人がいない確率」

となります。このように、注目している事柄（事象といいます）が起こらない場合（これを余事象（よじしょう）といいます）を利用するのです。

では、クラス40人の中に同じ誕生日の人がいない確率を求めていきましょう。

まず、**AさんとBさんの誕生日が異なる確率**、つまり、Bさんの誕生日がAさんと被らない（異なる）確率を考えてみましょう。Aさんの誕生日が「11月24日」だとすると、Bさんの誕生日はそれ以外の日、つまり365日のうち1日分だけを除いた364日のどこかであればよいので、求める確率は$\frac{364}{365}$です。

次に**Cさんの誕生日が、AさんともBさんとも異なる確率**を考えてみましょう。Bさんの誕生日が「2月6日」だとすると、Cさんの誕生日は、365日のうち「11月24日」「2月6日」の2日分だけを除いた363日のどこかであればよいです。よって、求める確率は$\frac{363}{365}$です。

同じようにして、Dさん、Eさん、Fさん……と確率を求めていき、最後の人（計クラス40人全員の誕生日が異なる確率は…？

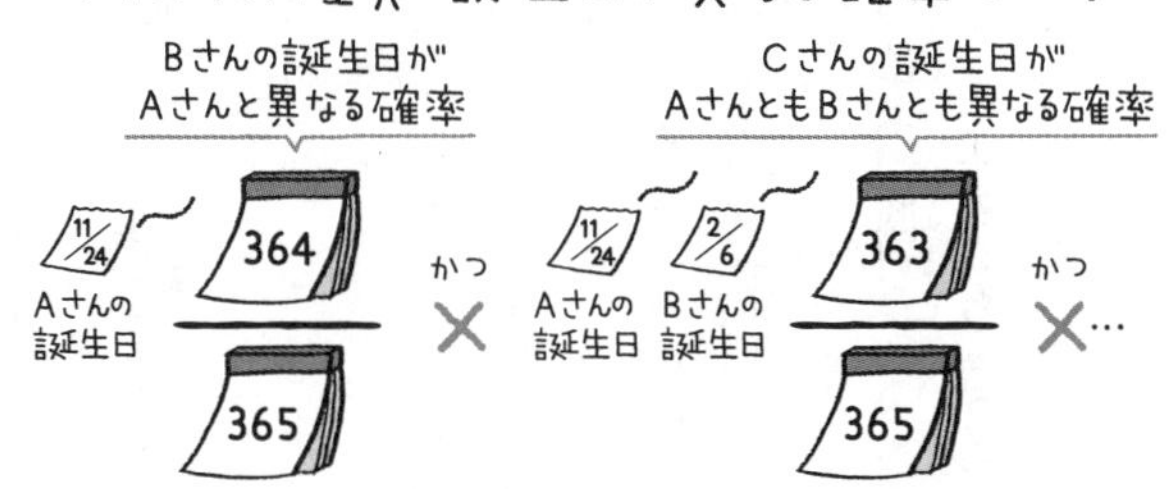

$\frac{364}{365} \times \frac{363}{365} \times \frac{362}{365} \times \cdots\cdots \frac{326}{365} \fallingdotseq 0.11$ ➡ クラス40人全員の誕生日が異なる確率は**約11%**

40人のクラス内で同じ誕生日の人が少なくとも1組はいる確率は

100% − 約11% = **約89%**

算はBさんから始めるので39人目）が誰とも誕生日が被らない確率を求めると、$\frac{326}{365}$となります。

　BさんがAさんと誕生日が異なるときに、さらにCさんがAさんともBさんとも誕生日が異なり、かつDさんが……と、39人目の人までの確率をすべてかけ合わせると、40人で同じ誕生日の人がいない確率を求めることができ、約11%になります。

　同じ誕生日の人がいる確率は、100%から約11%を引いて、約89%となります。

　意外に高確率でしたね！　実は、クラスで同じ誕生日の人が出会うのは珍しいことではなかったのです。むしろ、同じ誕生日の人がいない方が珍しいのですね。

3 入社試験で出題された三角形の面積問題

大学生のセナさんは就職活動の学力検査に備え、適性検査のSPIやWEBテスト、一般常識など一通りの対策を終えました。算数・数学のポイントも押さえたし、これで大丈夫だろう。さあ、明日はあの大企業M社で入社試験だ！

そして試験当日に出題された問題がこちらです。

「図のような三角形の面積を求めよ」

図には、底辺が10、高さが6の三角形がかかれています。三角形の面積は底辺×高さ÷2で求められるから、10×6÷2＝30で答えが出ました。楽勝！ さあ、次の問題に行こう。といきたいところですが、ちょっと待ってください、セナさん！

大企業M社の試験にしては簡単すぎやしませんか。小学生ならまだしも、一流企業問題．図のような三角形の面積を求めよ。

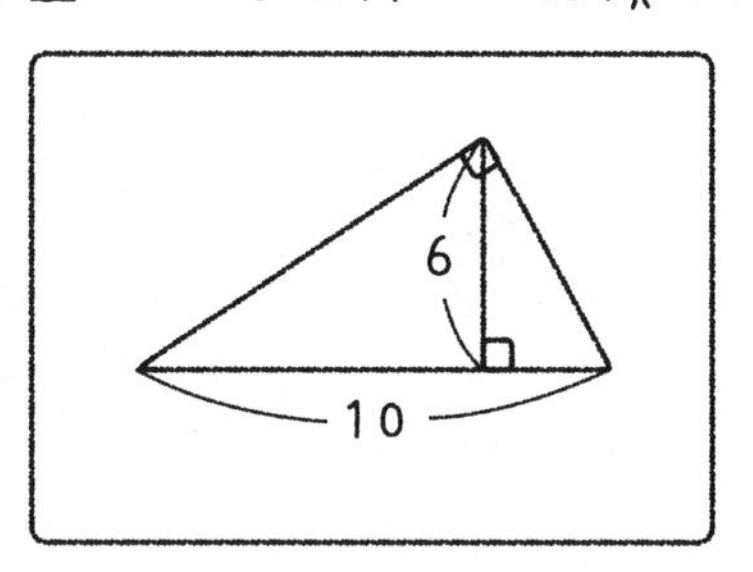

なーんだ！
これなら楽勝楽勝！

を受ける大学生に出す問題ですから。

何か裏があるかもしれませんので、落ち着いてぜひもう一度考え直してみましょう。

▽直角に関する図形の性質

私たちが中学生のときに学んだ図形の性質で、実はこんなものがありました。

「半円の弧に対する円周角は90度である」

はて、難しいですね。簡単にいうと、**円周上に1点をとり、直径の両端と結んでみると直角三角形ができる**ということです。

これに注目して、入社試験で出された図を改めて見てみましょう。

入社試験で問われていたのは…

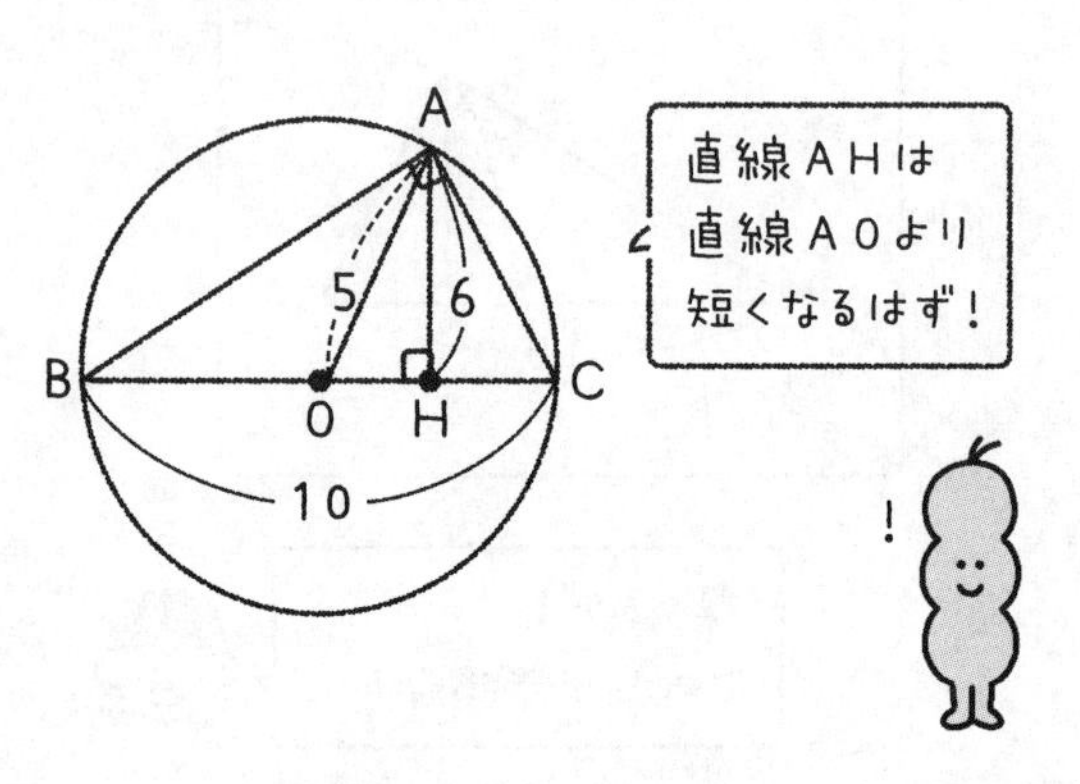

わかりやすいように、三角形ABCと名付け、この三角形の高さを直線AHで表わします。長さは6でしたね。円の中心はOとしました。

辺BC＝10ですので、円の直径は10です。つまり円の半径（直線AO）はその半分の5になります。

すると、図を見ていて何か違和感を感じませんか……。

図の直線AHは直線AOよりも明らかに短いですね。つまり、直線AHの長さは5よりも短くなるのです。

しかし、入社試験に出された図では、高さAHの長さが6になっていますね。そう、こんな三角形はあり得ないのです！

つまりこの試験問題の正解は、
「こんな三角形は存在し得ない」
です。ちなみに入社試験ではほとんどの人が間違えたようです。

今回のように、問題そのものに誤りを含んだものに出会う機会はこれまでほとんどなかったと思います。**「出された問題は正しいことを前提としているものだ」**と思ってしまいますよね。

こうした思い込みを「バイアス」といいます。バイアスは英語でbiasとつづり、先入観、偏見、偏りを意味します。そして、先入観にとらわれることを「バイアスがかかる」といいます。

与えられた図があり得ないなんて、なんだかズルいような気がしますが、**「前提から疑いを持つ注意力」**を確かめる**問題**だったのかもしれませんね。

4 BMIは2乗の計算で求められる

会社で実施された健康診断の結果を見て、なんだかガッカリした様子のハヤトさん。**BMIの数値が25・0を超えていて肥満と診断されていた**のです。

ＢＭＩは健康診断のとき以外でも目にする機会がありますね。スポーツクラブなどにある、体成分を測定できるインボディ（InBody）や、お家にある体重計でもＢＭＩを測定してくれるものがあります。

ＢＭＩは英語のBody Mass Indexが由来で、日本語で**「体格指数」**と訳します。ざっくり説明しますと、ＢＭＩの数値は高いほど肥満とされ、低ければ痩(や)せていることを表わしています。つまり、肥満度を表わす指標なのですね。世界共通の計算方法で多くの国々で用いられています。

日本の肥満度分類

BMI	肥満度判定
18.5 未満	低体重
18.5 ～ 25.0 未満	普通体重
25.0 ～ 30.0 未満	肥満（1度）
30.0 ～ 35.0 未満	肥満（2度）
35.0 ～ 40.0 未満	肥満（3度）
40.0 以上	肥満（4度）

日本肥満学会 肥満症診療ガイドライン2022

BMIの求め方

BMI＝体重（kg）÷身長（m）^{2}

身長は cm では
なく、m で計算
するんだね

ＢＭＩの計算方法は単純で、**「体重[kg]」÷「身長［m］の2乗」**で求めることができます。

たとえば身長が１７０㎝（１・７m）で体重が65kgの人の場合ですと、ＢＭＩは65÷1.7^{2}でおよそ22・5となります。電卓があればすぐに求めることができますが、単位には注意してくださいね。**身長の単位はcmではなくmで計算します。**

▽肥満の基準は国ごとに違う？

ＢＭＩの計算手法は世界共通なのですが、肥満の基準は世界によって様々です。日本の肥満度分類は上の表のようになります。

WHOの基準では30・0以上が肥満とされますが、日本では25・0以上が肥満となりますので、少し厳しめですね。ご興味のある方はご自身の身長と体重を調べて、スマホの電卓アプリで計算してみてください。

日本ではBMIの値が22・0のときの体重が標準体重または適正体重と呼ばれ、病気にかかりにくい状態とされています。そしてBMIが25・0以上、日本の基準で太り気味（肥満1度）になると糖尿病や高血圧などの生活習慣病にかかるリスクが高まります。BMIが30・0（肥満2度）を超えると危険性はさらに高くなります。

一方でBMIが18・5未満の低体重であることも痩せすぎでよくないとされています。やはり中庸（ちゅうよう）がよいのかもしれませんね。

▽統計学の父・ケトレーと、統計学の母・ナイチンゲール

BMIはベルギー人の数学者、天文学者、統計学者のアドルフ・ケトレーによって1835年に開発されました。ケトレーは社会学に統計学を持ち込んだことで知られ、**「近代統計学の父」**と呼ばれています。

ケトレーは、24歳のときに王立科学アカデミーのメンバーに推挙されて天文学の研究をはじめ、1828年にはベルギー王立天文台の天文官に任命されました。

自然科学の世界では実験で観測された事実をもとにして法則を求めていきますが、ケトレーは社会的な現象も同じようにして法則を得ることができるかもしれないと考えました。

そこで、犯罪や出生、結婚、死亡などの社会現象のデータを検証し、それらが正規分布に従うかどうかを調べ、平均的な属性を備えた人間である**平均人**が存在すると主張しました。**ケトレーは現代の私たちもよく使う「平均的な人」の生みの親**でもあるわけです。

彼のおかげで統計学は人間社会を分析するための有効な手段になりました。

「クリミアの天使」と呼ばれた看護師の**ナイチンゲールはケトレーの統計学に強く影響を受けた**人物で、彼女はケトレーの著作を熱心に学びました。その知識を駆使して死亡統計の改善に尽力し、医療統計学を生み出したのです。

5 迷惑メールはどうやって振り分けられているの？

朝9時に会社に出勤したリホさんは、まずメールを開き、急を要するものがないか確認しています。必要なメールは毎日たくさん送られてきますが、迷惑メールもまた大量に送られてきますよね。

受信したメールすべてを、必要なものと不要なものに手動で振り分けることは非常に面倒です。

このため多くのメールソフトでは、メールを受信したときにそれが通常のメールなのか、それとも迷惑メールなのかを判定するフィルタリング機能が使われています。

そして、フィルタリング機能には、メールのタイトルや本文中に**「特定のキーワード」が出現する確率を計算することによって、通常のメールなのか、または迷惑メールなのかを判定する**統計的な手法が用いられています。これは**ベイズの定理**を応用した**「ベイジアンフィルタ」**と呼ばれるものです。

▽まるで人間!?　学び続けるベイジアンフィルタ

ベイズの定理は、18世紀のイギリスの牧師トーマス・ベイズが提唱したもので、これを活用することで私たちは**過去に蓄積されたデータを利用して未来に起こる事柄を予測する**ことができます。

過去のメールを分析することで、新たに受信したメールが通常メールなのか、または迷惑メールなのかを判定できるのです。

そしてデータが蓄積されることで、判定の精度はどんどん向上していきます。過去の計算で得た情報を次に活かすことで、さらに新たな確率を得るのです。これをベイズ更新といいます。

迷惑メールかどうかは、次の流れで判定されています。

①過去に受信したメールを、通常メールと迷惑メールに分類します。

②「キーワード」が通常メールに含まれる確率と、「キーワード」が迷惑メールに含まれる確率を計算します。
③新しいメールを受信したら、その中に含まれている「キーワード」について②で求めた確率を参照し、ベイズの定理より迷惑メールである確率を計算します。
④迷惑メールである確率が高い場合は迷惑メールとして判定、迷惑メールである確率が低い場合は通常メールとして判定します。
⑤判別結果は追加情報として活用し、判定の精度がどんどん向上します。（ベイズ更新される）

ベイズの定理を活用した統計は、**新しい情報を取り入れながら結果を更新し続けられる**（ベイズ更新できる）ため、様々な機械学習に応用されています。データが増える度に解析結果を更新できるのが従来の統計との違いです。

私たち人間のようだと思いませんか？　過去の積み重ねで学習を繰り返して、経験を活かして成長をしていく様は、まるで

「判定結果」が「次の判定の材料」になる

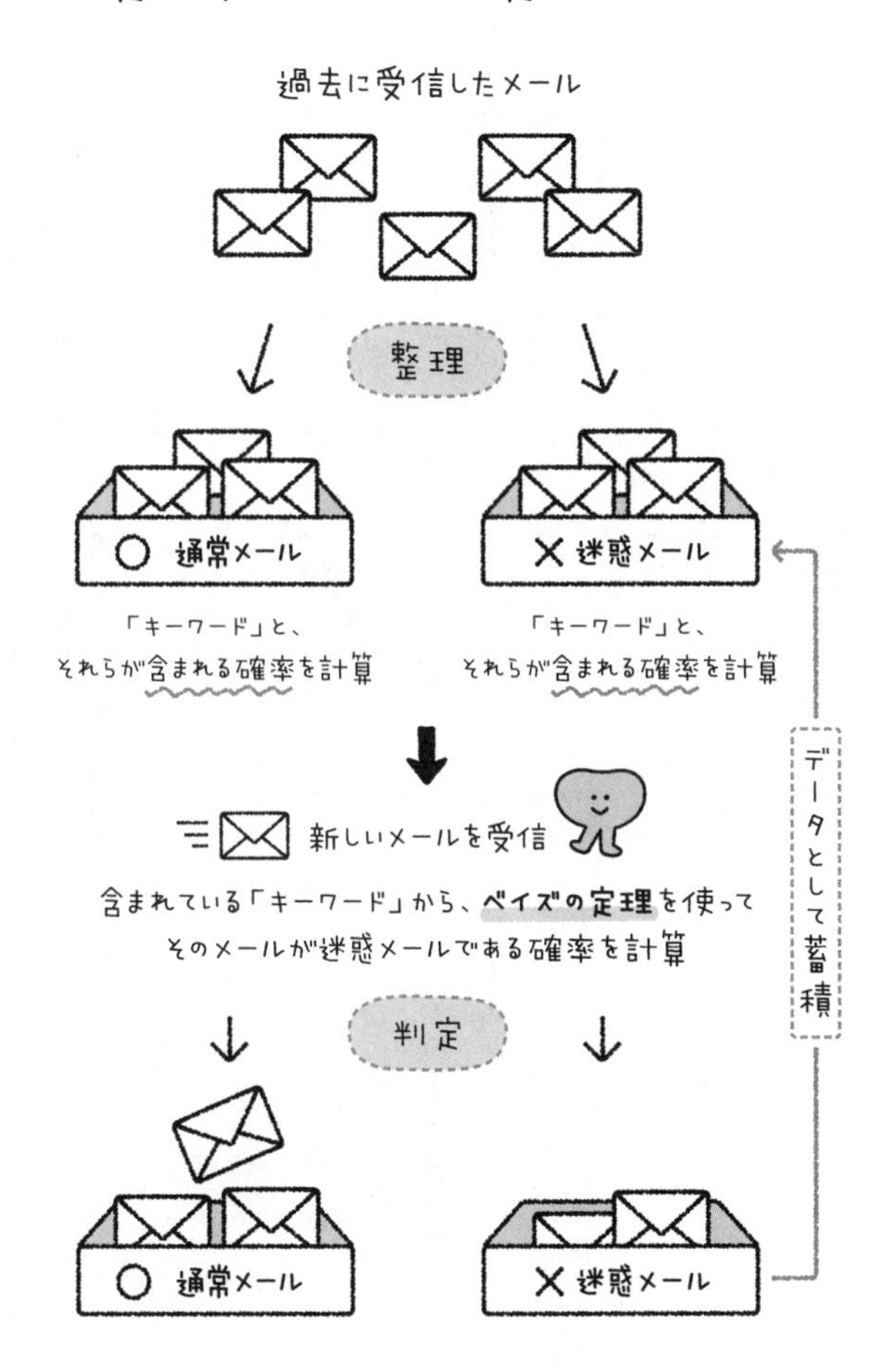

6 病気の検査で「偽陰性」になる確率はどれくらい？

2019年12月から数カ月の間に、新型コロナウィルス感染症がパンデミックと言われるほど世界的な流行病となりました。コロナに感染しているかどうかを調べるのにPCR検査が使われましたね。ユウナさんも、会社で実施された検査を受けました。無事に検査が終わり、数日後には陰性と判定されてホッと安心しています。

新型コロナウィルス感染症に限らず、ある病気の検査を受けたときには、次のような可能性が考えられます。

・病気にかかっていて、陽性と判定される。
・病気にかかっていて、陰性と判定される。（偽陰性）
・病気にかかっておらず、陽性と判定される。（偽陽性）
・病気にかかっておらず、陰性と判定される。

これらのうち、**病気にかかっているのに陰性と判定される「偽陰性」**はやっかいですね。知らない間に感染を広めてしまう可能性もあります。

たとえば、人口の４％がかかっていることがわかっている病気Xの検査で、実際に病気Xにかかっている人が正しく陽性と判定される確率は70％、誤って陽性と判定される確率は５％だったとします。ある人が検査を受けて陰性の判定だったとき、実は病気Xにかかっている確率はどのくらいなのでしょうか。

確率や割合は、具体的な数字を置くと考えやすくなります。

検査を受けた人が１０００人いると仮定して、「陰性」の結果が出た人が実は病気Xにかかっている「偽陰性」である確率を出してみましょう。

①病気Xにかかっている人数
１０００×４／１００＝40人

②病気Xにかかっていない人数
１０００－40＝９６０人

③病気Xにかかっていて、陽性と判定される人数
40×70/１００＝28人
④病気Xにかかっていて、陰性と判定される人数
40－28＝12人
⑤病気Xにかかっておらず、陽性と判定される人数
９６０×５/１００＝48人
⑥病気Xにかかっておらず、陰性と判定される人数
９６０－48＝９１２人

陰性の結果が出た人は12＋９１２＝９２４人で、そのうち病気Xにかかっているのは12人です。求める確率は、12/９２４≒１・３％となります。複雑な公式を使わなくても、陰性と判定されたが実は偽陰性である確率を求めることができました。

１・３％なので１００人中１・３人、つまり１０００人中13人になります。結構高いですよね。たとえ陰性と判定されても、それほど安心できるという状況ではなさそうです……。

検査結果は過信できない…？

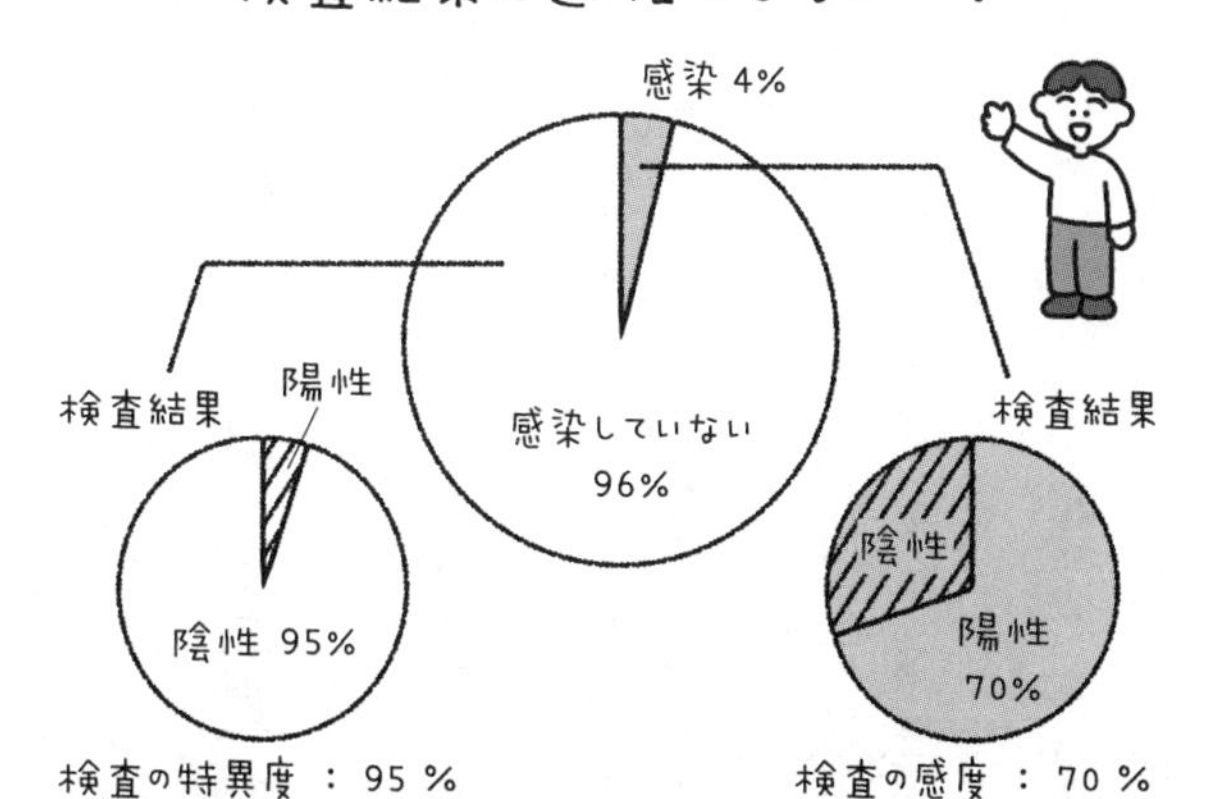

偽陽性 ： 5%
（感染していないけど陽性）

偽陰性 ： 30 %
（感染しているけど陰性）

1000人が検査を受けたとき

	陽性	陰性	合計
感染	③ 28 人	④ 12 人	① 40 人
感染なし	⑤ 48 人	⑥ 912 人	② 960 人
合計	76 人	924 人	1000 人

↓

検査で「陰性」と判定されたとき、
それが「偽陰性」である確率は、

$$\frac{12}{924} = 0.0129\cdots \fallingdotseq 1.3\%$$

「陰性」と判定されても、そのうち1000人に 13 人は実は陽性！！

7 誤差わずか0・2%! 伊能忠敬の測量術

私たちがスマホやカーナビで気軽に利用している地図ですが、航空機も衛星もない大昔の時代にはどのように作られたのでしょうか。

日本の地図といえば、伊能忠敬の「大日本沿海輿地全図」が有名です。彼が出した緯度1度の距離は、**実際の値と比べて誤差が0・2%**とかなり正確でした。江戸時代の当時、どのような方法で測量していたのか知りたくなりますね。

数学3大分野の1つ「幾何学」は英語でgeometryといいますが、geo（土地）とmetry（測る）に由来します。「測量」は幾何学のもとなのです！

測量に使われたのが「**導線法**」という方法です。海岸線などで測量した地点から次の測量地点の2点に梵天と呼ばれるポールのような目印を立て、2地点の間に縄を

まずは「導線法」で測量

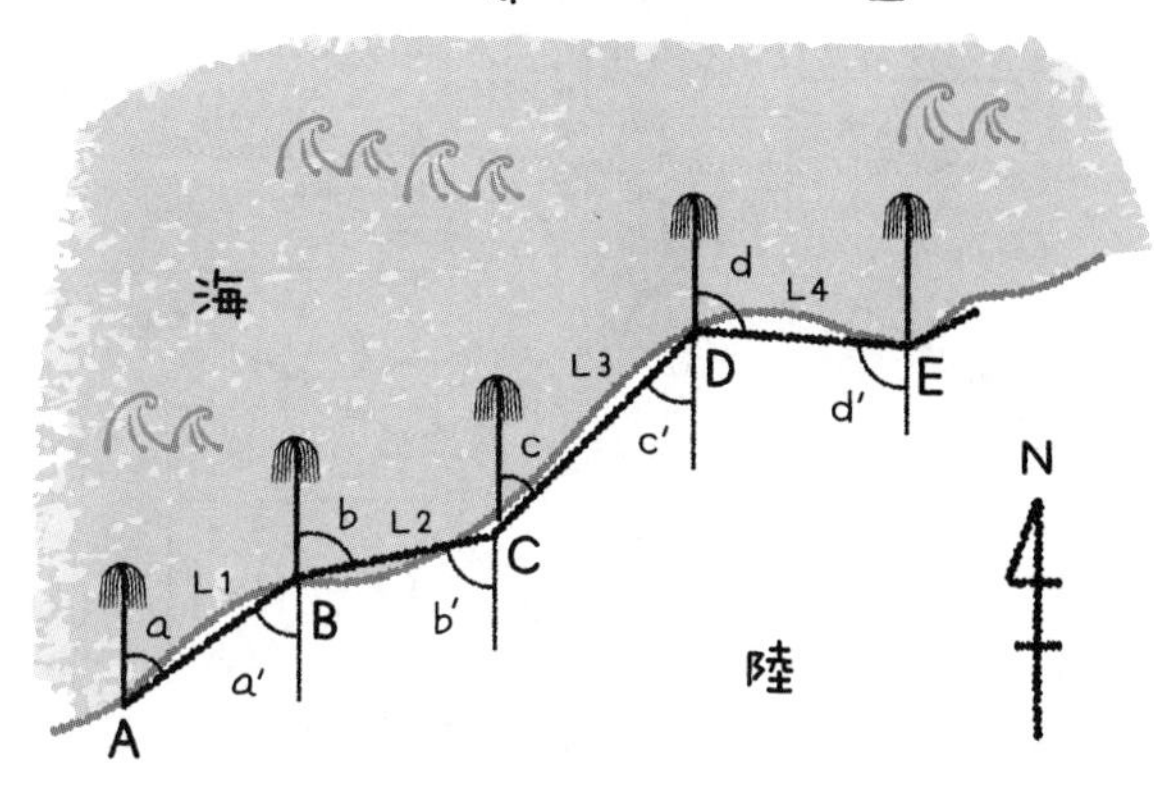

張って距離と方位を記録します。次の測量地点も同じ作業を繰り返します。

初めは70㎝の歩幅で距離を算出しましたが、後に縄（間縄）や鉄鎖が用いられました。手作業ですから、距離が長くなるとどうしても誤差が生じてきます。「塵（ちり）も積もれば山となる」のように、わずかな誤差の蓄積が原因で地図の精度が低くなります。

▽誤差を見逃さないために

導線法によって生じた誤差を修正するのが**「交会法（こうかいほう）」**です。複数の測量地点から共通して見える場所（寺院の屋根、高い山な

「交会法」とのダブルチェック

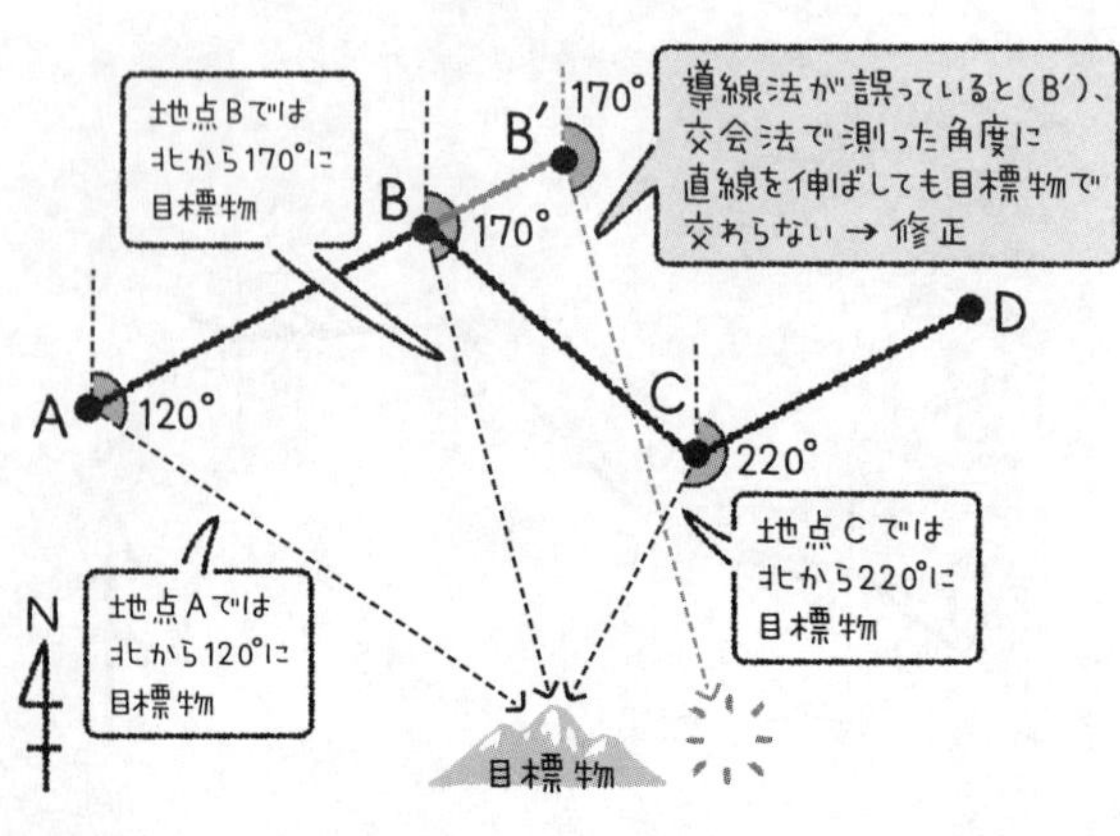

ど）を目標物にして、各地点から目標物への真北からの角度だけを記録していきます。すると地図上で、各観測地点から交会法で記録した角度に直線（図の点線矢印）を伸ばしていったときには必ず1点（目標物）で交わります。**導線法の測定が誤っていると、この直線が目標物で交わらず、**誤差があると判明するため、修正ができるのです。

伊能忠敬は導線法と交会法をひたすら丁寧に繰り返すことで、地図の精度を向上させました。

測量を続けていくと、起伏の激しい土地に出くわすこともあります。

傾斜地では、測定距離と平面距離（地図

にしたい距離）に差がでてしまいます。

そんなときは、「小象限儀（しょうげんぎ）」を使います。これで土地の傾き（勾配）を計測し、割円八線対数表（かつえんはっせん）という三角関数を利用した、対数表（153ページ参照）のようなものを使うことで、測定した距離を平面距離に変換していました。**伊能忠敬はかなり数学に精通していた**のですね。


以上のように、距離と方角の測量を「丁寧に丁寧に」、「何度も何度も」繰り返して地図を作りました。

道なき道を測量して進み、時には海の上からの測量も必要となりました。夜間にも作業は続き、北極星などの星を観測して測量が正しいかどうかを確かめます。

忠敬は地図が完成する3年前に病死しましたが、高橋景保（たかはしかげやす）らによって引き続き行なわれました。そして17年かけて大日本沿海輿地全図が完成したのです。

伊能忠敬は、50歳前後から暦学や天文学を学び始めて73歳で没するまで、「正確な測量」に情熱を注ぎ続けた偉人です。

8 食べても減らない!? 無限チョコレート

休み時間にお腹が空いてしまったので、買ってきた板チョコを食べようとすると、一緒にいた友達から**「板チョコを無限に食べられる分け方がある」**と教わりました。

ドラえもんのバイバインのようなひみつ道具があるわけもないのに、無限に物質を増やし続けられるだなんて、あり得ませんよね。でも、せっかく友達が教えてくれるというのですから無下にするわけにもいきません。話を聞いてみましょう。

左の図のような5×5列の板チョコを㋐、㋑、㋒、㋓の4つに割ります。そして㋓はそのままにして㋑と㋒を入れ替えるように並べ替えてみます。

そうするとあら不思議、㋐の部分が少し左にはみ出していますね。はじめと比べると、板チョコの1ピース分だけ増えています!

チョコレートを割って並べ替えると…

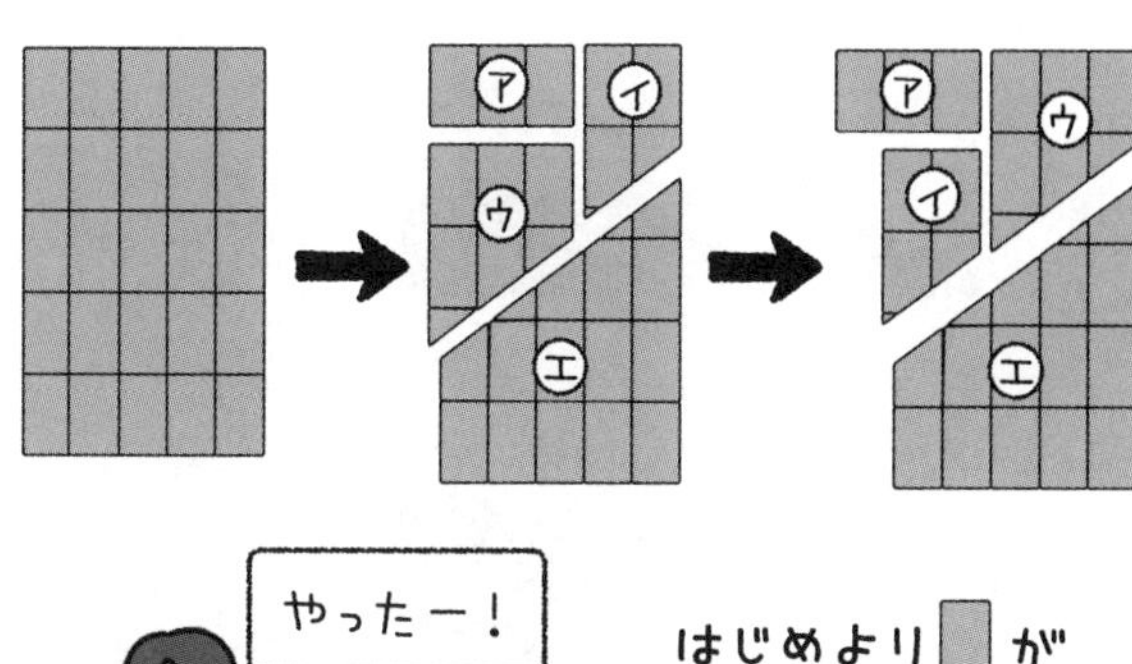

やったー！

はじめより■が1つ増えている!?

増えた分の1ピースを食べて元通りにしてから、また同じような分け方をすれば、再び1ピース増やすことができる。これを繰り返すと、食べても減らない無限チョコレートの完成だ！

友達から教わったこの分け方は興味深いですが、イマイチ納得いきませんよね。実際にチョコを食べたら減るのに、無限に増やすことができるなんて。

タネ明かしをします。チョコを分割して並べ替えたときに、**チョコどうしの間に細長い隙間ができています**よね。細長い隙間の面積を合わせた分だけ、板チョコが増えたように見えているだけなのです。

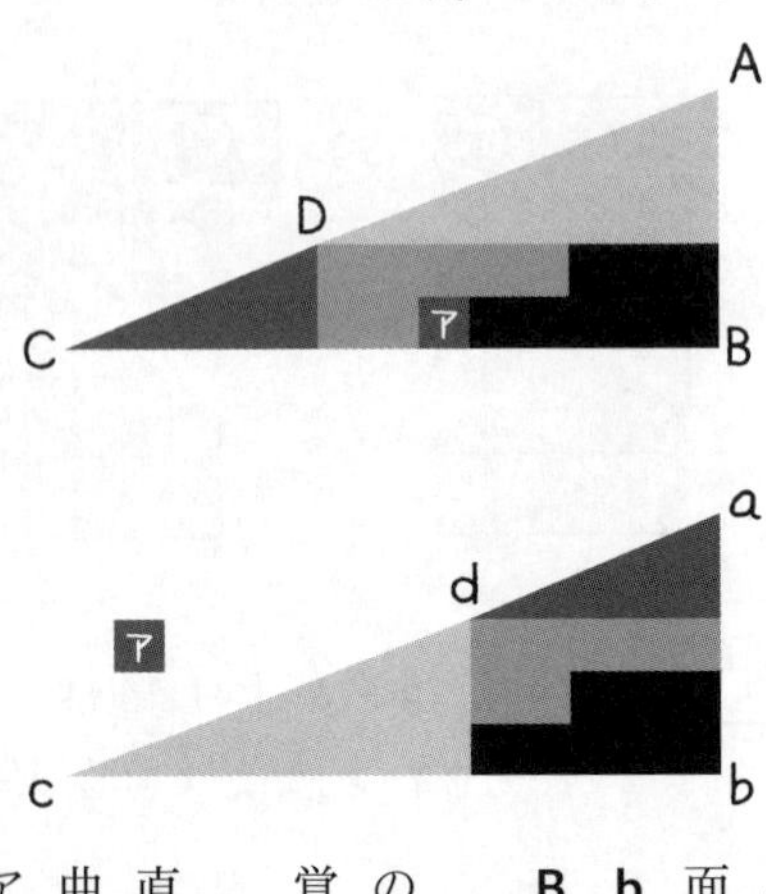

▽三角形の消失パズル

似たようなものに、上のような三角形のパズルがあります。△ABCと△abcの面積が同じに見えますが、実際には、**△abcに正方形アの面積を合わせると、△ABCの面積と等しくなります。**

ですが、どう見ても△ABCと△abcの面積が同じに見えますね。これは目の錯覚によってそう見えてしまうのです。

実は、△abcでは3点a、d、cが一直線上にはありません。adとcdで折れ曲がっています。その分だけずれが生じ、アの面積分だけ違いが生じるのです。

9 微分で未来の人口を予測する

会社員のケンイチさんは高速道路に乗って会社まで向かっています。車のスピードメーターを見てみると、ちょうど制限速度の時速80㎞でした。

ブレーキを踏んで減速すると、メーターの値は時速60㎞と小さくなり、アクセルをグッと踏み込むと加速してメーターの値は大きくなります。このように変化する速度に対応してメーターの値も変わりますが、この80㎞、60㎞といった数字は、実際に1時間走って算出した値ではありませんね。スピードメーターの値は「その瞬間の速さ」です。この考え方には私たちが高校で学んだ**「微分」**が関係しています。

数式を用いずに微分を表現するならば、**「一瞬の変化の勢いを示すもの」**となります。そして**微分の真骨頂（しんこっちょう）は「未来を予測すること」**にあります。

先ほどのスピードメーターの場合を例にとり、現在時速80㎞で高速道路を走っているとしましょう。そうしますと、1時間後には今いる位置から80㎞先の場所にいることが予測できます。

時速80㎞はその瞬間の車の勢いであり、**瞬間の勢いがわかれば1時間後の未来が予測できる**ことになりますね。

微分で予測できるのは車のいる位置だけではありません。刻一刻と変化するものであれば、微分の考え方は適用できます。

たとえば天気予報にも微分が用いられています。天気予報では気温や湿度、雲の動き、風速、風向きなどの様々なことが変化しています。この変化し続ける大気の「瞬間の変化」を調べ、それをもとにして未来を予測しています。

もう少し詳しく言いますと、微分を含んだ方程式を利用して、コンピュータを用いてシミュレーションが行なわれているのですね。

▽飢饉や戦争まで予測!?

日本では現在、少子高齢化が深刻な社会問題となっています。2022年には出生数が80万人を割りましたが、これは統計を開始して以来、初めてのことです。日本政府もわが国の「静かな有事」と認識すべきと発表しました。このままいくと2070年には日本の総人口が9000万人を下回ると予測されています。

こういった統計では現在の人口、出生数（＋）、死亡数（－）など、**増えたり減ったりする勢い**が重要なデータになってきます。そして当然ながら、変化の勢いとくれば「微分」ですね。人口の予測にも微分が用いられているのです。

イギリスの経済学者トマス・ロバート・マルサスは『人口論』を発表し、微分方程式を用いた数理モデルを示した人物です。彼は、その後の人口予測に大きな影響を与えました。

「人間の本能である性欲により人口は幾何級数的に増加するのに対して、食料は算術

級数的にしか増加しない」とマルサスは主張しました。幾何級数的とは倍、倍に爆発的に増えていく様子をイメージするとよいです。対して算術級数的とは一定の割合で直線的に増えるイメージです。

そして彼は、**「人口が増えすぎれば貧困者が増え、飢饉が起き、戦争が起きてしまう」**と述べました。

車のスピードメーターや天気予報、人口の予測などを例に挙げましたが、これはごく一部にすぎません。「変化するもの」を分析するときには微分が用いられ、私たちの**未来を予測する**のに大変役立ってくれています。

「変化の勢いを示す」微分の考え方

水平方向に 10m進むと、垂直方向に3m上がる坂道の
変化の勢いを考える

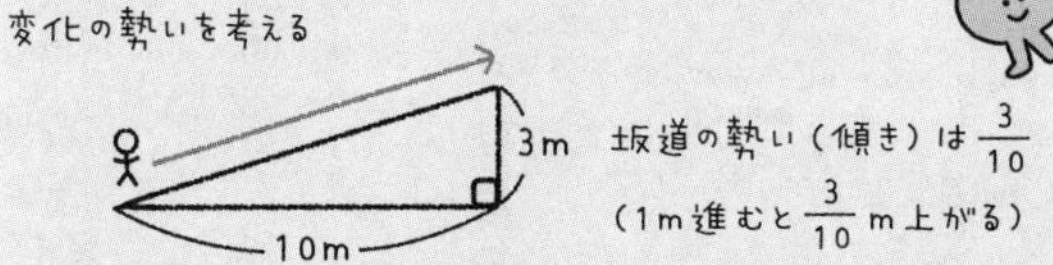

微分のグラフy＝f（x）の点 A、B 間の変化の勢いを考える

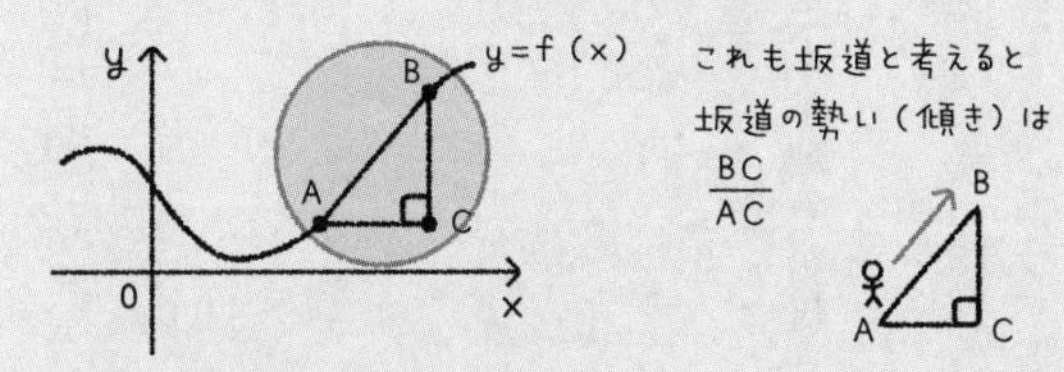

ここで点Cを点Aに限りなく近づけていくと、
辺ACの幅がどんどん小さくなり、点Cが点Aにほぼ重なる。
すると、坂道の勢いは「点Aでの接線の傾き」になるといえ、
これが「点Aにおける変化の勢い」ということになる。

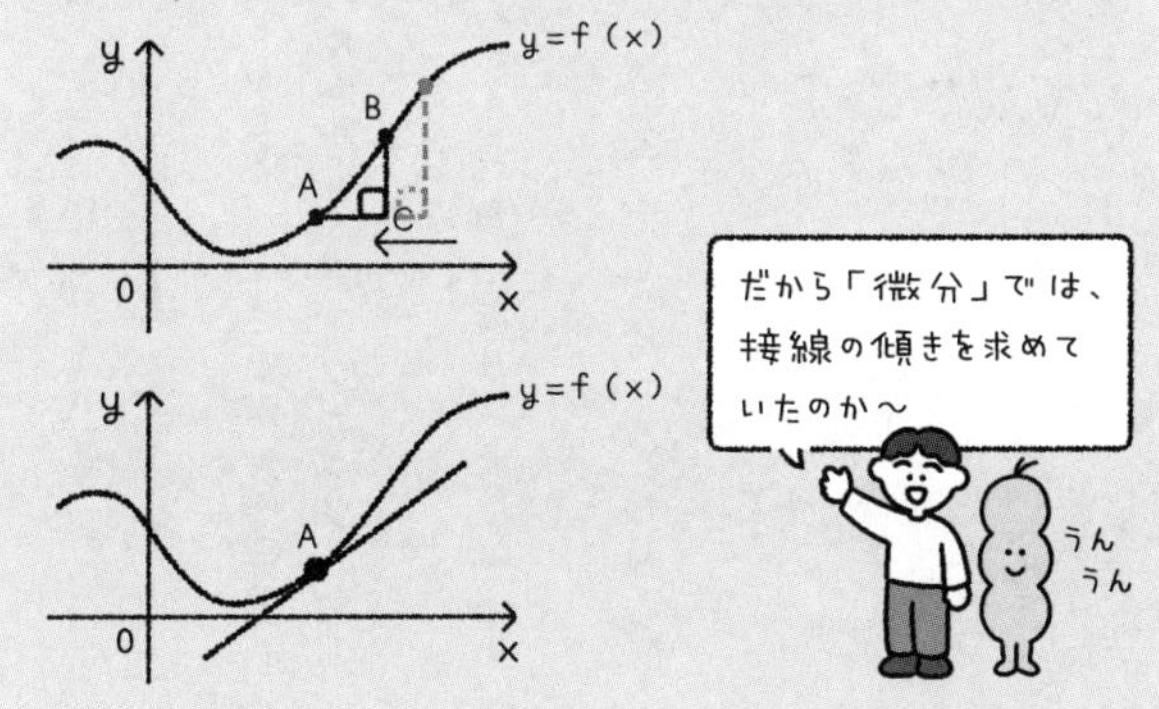

コラム

微積分を発見した数学者はどっち？

ある瞬間の「変化の勢い」を分析して、未来を予測することができる微分を発見したのは**アイザック・ニュートン**と**ゴットフリート・ヴィルヘルム・ライプニッツ**の２人です。

ニュートンは「万有引力の法則」、「運動方程式」でも知られるイギリスの数学者・物理学者です。

ライプニッツはドイツの数学者・哲学者でありながら政治家や外交官としても活躍していた人物です。

２人が生まれた当時は**三十年戦争**が起きていた時代でした。

三十年戦争は宗教内乱がきっかけで起きた戦争で、１６１８年から１６４８年まで続きました。この戦争でドイツの都市と農村は荒廃し、人口のおよそ3分の1が減ったと言われています。このことが後の2人に影響してきます。

ライプニッツは1675年に微分・積分を発見しましたが、ニュートンはライプニッツよりも先に微積分の構想をもっていました。しかしニュートンは秘密主義的なところがあったため、発表せずにいたのです。

2人はそれぞれ独立して微分や積分を生み出していたのですが、**ニュートン新派たちはライプニッツが盗作したと非難**しました。

イギリス人から見れば、当時のドイツは三十年戦争でボロボロになった国だという差別意識があったのだろうと言われています。**ライプニッツの業績を正しく評価してくれる人が少なかった**のです。

これがきっかけでニュートンとライプニッツは微積分の発見を巡る優先権争いをすることになるのですが、嘘や誹謗中傷（ひぼうちゅうしょう）が飛び交い、記録の改ざんも行なわれるドロドロした争いに嫌気がさしたライプニッツは身を引くことにしたのです。

微積分の発見者は、ニュートンとライプニッツの2人の数学者を覚えていただければ幸いです。

10 弱者が強者に勝つためには何をすればいい？

微分が利用されている例は、天気予報や人口の予測だけではありません。なんと軍事戦略にも利用されているのです。

イギリスの自動車・航空エンジニアであるフレデリック・ランチェスターは、第一次世界大戦のとき、**微分方程式を用いた数理モデル**で、武器性能と兵力数についての法則である**「ランチェスターの法則」**を導き出しました。これをコロンビア大学の教授バーナード・クープマンが軍事戦略モデルとして改良し、第二次世界大戦で米国が導入していました。

日本においては田岡信夫（たおかのぶお）氏がマーケティングへ転用して経営・ビジネスに使えるように体系化しました。1970年代以降に多くの企業が取り入れており、パナソニックホールディングスの松下幸之助氏も参考にしていたそうです。

ランチェスターの法則は「第一法則」と「第二法則」の2つに分けられます。

第一法則は一騎打ちの法則とも呼ばれていて、一度に一人の相手と戦う**接近戦や局地戦**を想定しています。昔の近距離戦をイメージするとわかりやすいです。微分方程式を解いて得られる結論は次のようになります。

「戦力 ＝ 武器性能 × 兵力数」

たとえば、同じ武器性能で30人いるチームAと25人いるチームB側が争った場合、**30－25**＝5となりますから、Aが5人残り、Bは全滅してしまいます。

第一法則では、兵力数が同じならば武器性能が高い方が勝ちますし、武器性能が同じならば兵力数が多い方が勝ちます。

第二法則は一騎打ちではなく、銃や戦車の砲撃などの**近代兵器による遠隔戦や広範な戦い**を想定したもので、微分方程式を解いて得られる結論は次のようなものです。

「戦力＝武器性能×兵力数の2乗」

同じ武器性能で30人のチームAと25人のチームBが戦った場合、Aの戦力は、30の

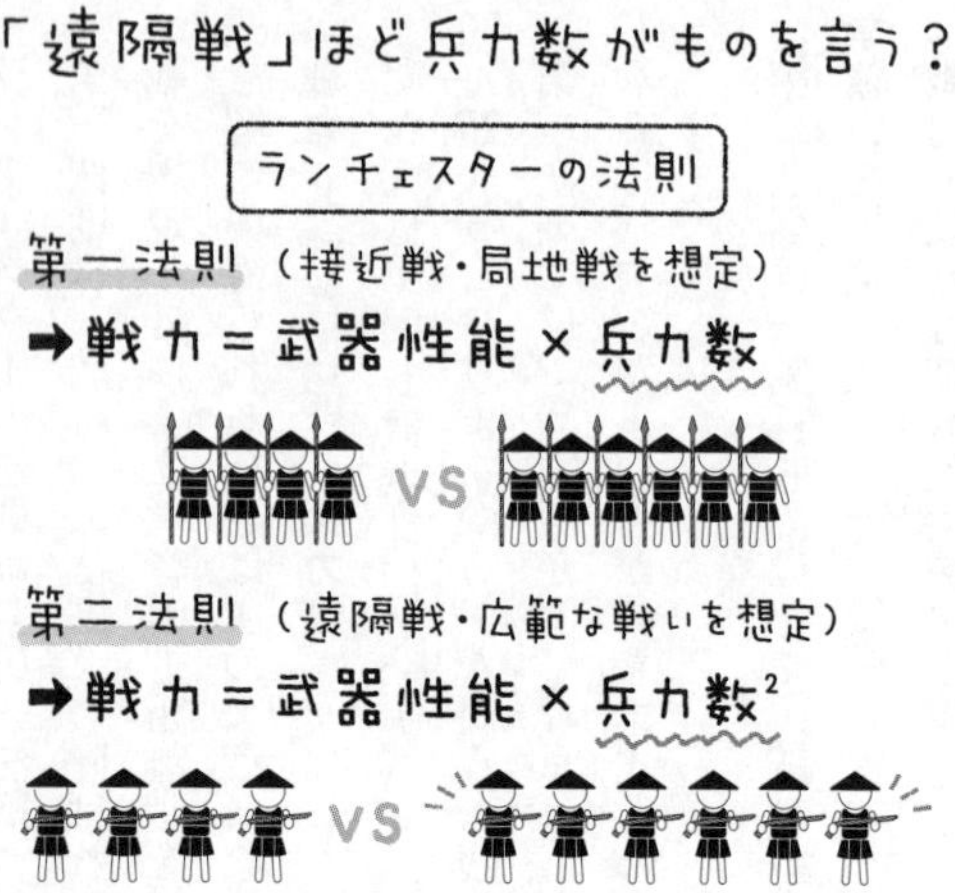

「遠隔戦」ほど兵力数がものを言う？

ランチェスターの法則

第一法則（接近戦・局地戦を想定）

➡戦力＝武器性能×兵力数

VS

第二法則（遠隔戦・広範な戦いを想定）

➡戦力＝武器性能×兵力数^2

VS

2乗で**900**、Bの戦力は25の2乗で**625**となり、**900－625**＝275となります。そして$\sqrt{275}$≒17ですから、第二法則に従うとチームAはなんと17名も生き残ることができます。**武器性能が同じで人数もわずか5人しか違いがないのに、チームAは17人も生き残れる**のは意外ですよね。

遠隔戦や広範な戦いでは、兵力が多いほうが圧倒的に有利で、逆に、相手よりも兵力が少ない状況で勝利するのは非常に難しいということです。

▽一騎討ちの法則で強者に対抗

では、小が大に勝つにはどうすればよい

でしょうか。

チームAは、第一法則では5人、第二法則では17人も生き残りました。チームBが強者であるチームAにより大きな損害を与えたのは第一法則での戦いになりますね。

ですから、弱者側は第一法則が適用できる戦い（接近戦や局地戦）に持ち込めれば、強者により大きなダメージを与えることができます。例では武器性能が同じ場合で算出しましたが、武器性能を上げれば弱者のチームBが勝つこともできます。

このことから、ランチェスターの法則は第一法則が**「弱者のための戦略」**、第二法則が**「強者のための戦略」**として活用されています。ランチェスターの法則を活かして、小が大に勝つ方法は次の3つが知られています。

①戦う範囲を絞り込む……一騎討ちや接近戦に持ち込めるよう、奇襲やゲリラ戦などを活用して、できるだけ狭い範囲で戦う
②武器性能を高める……自軍と敵軍の兵力の比以上になるよう、武器性能を高める
③戦力を集中させる……兵力を集中させ、強者よりも有利な場面をピンポイントで作る。敵が分散しているうちにそれぞれを集中的に打ち破る。

コラム

弱者のためのビジネス戦略

戦闘における法則であったランチェスター理論を企業どうしの戦いに転用させ、ビジネス戦略へと体系立てたのが田岡信夫氏です。

ビジネスにおける戦いは、顧客の奪い合いですね。ここでは「ビジネス版」のランチェスター理論で弱者が強者に勝つ戦略をご紹介します。

「強者」と定義されるシェアNo.1の大企業は、人材や資金などの資源（兵力）が潤沢ですから、戦いにおいて既に有利な状態です。ですから、「弱者」と定義される人材や資源の少ない中小企業や個人は、強者を相手に第二法則のような広域戦で戦ってはいけません。大企業による数の暴力に屈することになります。

中小企業や個人は第一法則で戦いましょう。1対1の局地的な戦いに持ち込んで、商品やサービス（武器性能）を高めていく方針です。具体的には次のような戦略です。

・**地域No.1を目指す（戦う範囲を絞り込む）**

広範囲ではなく局地的に戦います。全国にビジネス展開するのではなく、地域密着型を心がけます。どんなに狭い範囲でもよいので、その地域に戦力を一極集中させて「小さなNo.1」を目指します。

・**ニッチな分野で戦う（一騎打ちの戦いに持ち込む）**

競合する企業が1つだけ、または競合する企業が少ない隙間分野で戦う。いわゆるニッチ戦略というものです。大企業がターゲットとしていないマーケットを狙って、隙間でNo.1を目指します。

・**徹底的に差別化する（武器性能を高める）**

商品やサービスを徹底的に「差別化」します。大企業がまねできないほど細かくサービスを分類し、ユニークなポイントをいくつも掛け合わせて「独自性」を高めます。他社がまねできない「オンリーワン」を目指します。

私たちが**新規にビジネスを始める場合には、何かに特化した「一点集中主義」**で、「あれも」「これも」とはせずに的を小さく絞るとよいですね。

11 スマホのバッテリー残量はどうしてわかるの？

休み時間に、スマホアプリで英単語の勉強している高校生のナオヒトさん。熱心ですね！いい感じに進めていたところ、「バッテリー残量が少なくなっています」とアラートが表示されました。バッテリー残量が20％や10％になるとこのように表示されますが、スマホはどのようにして残量を把握しているのでしょうか。

これには微分と関わりが深い「積分」が活用されています。

微分はある一瞬の「変化の勢いを示すもの」で、関数上のある点における接線の傾きを求めることでした（105ページ参照）。一方の**積分**は〝一瞬〟を**「足し合わせるもの」**とイメージするとよいでしょう。

積分というと、面積Sを求めるという印象が強いかもしれませんが、関数f（x）をxがaからbまでの区間で積分するというのは、図（右）のようなものです。

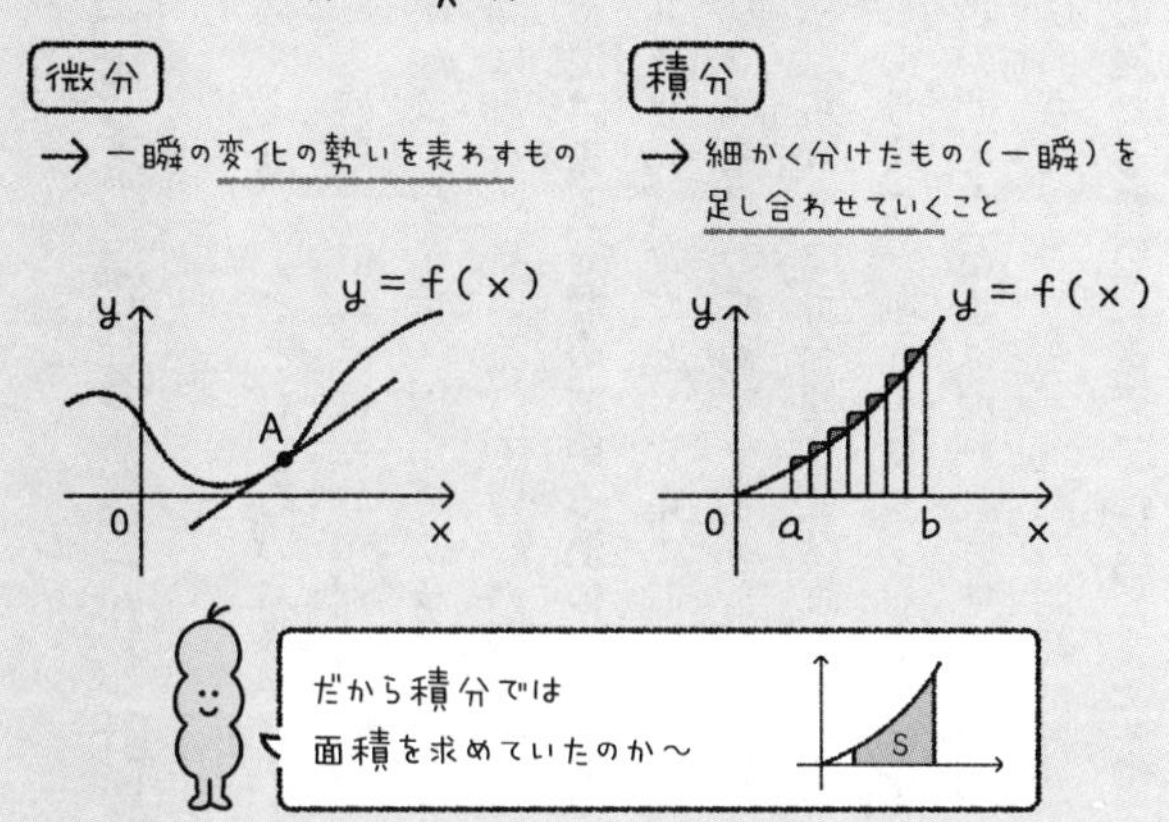

図形を長方形にざくざく分割して、それを足し合わせていくと、面積Sに近くなります。

しかしこのままでは、上にはみ出た部分が誤差となってしまいます。

そこでもっと細かく長方形を分割していくと、誤差の部分もより目立たなくなります。さらに細かく100分割、1000分割……と長方形を分割していきます。

こうすれば誤差はほぼなくなりますね。図形の面積が、非常に細かく分けた長方形を足し合わせたものになりました。

このように、積分は小さく分けたものを「足し合わせる」イメージをもっていただけるとよいでしょう。

▽「電子の流れる勢い」から計算していた！

スマホは、あとどれくらいバッテリーがもつのかを細かく把握していますが、バッテリー残量の計算には積分が利用されています。

電池は、マイナス極からプラス極に「電子」が川のように流れています。電子が1秒間にどれくらい流れているのかを表わすのが「電流」ですね。

電池は電子を溜めている池のようなもので、電子を流しつくしてしまうとそれ以上使えません。だから「充電」してあげる必要があります。このように電池を考えるときには「電子の移動」をイメージするとよいです。

私たちはスマホを使って動画を見ているときもあれば、誰かに電話をかけているときもあります。画面をロックして消費電力を抑えているときもありますね。

この間にも電子は流れ続けていますが、常に一定というわけではありません。画面の明るさによっても、電池の消耗に差がありますよね。**スマホの使い方によって「電子の流れる勢い（電流）」は様々に変化する**のです。

電流が大きいと消耗も早い

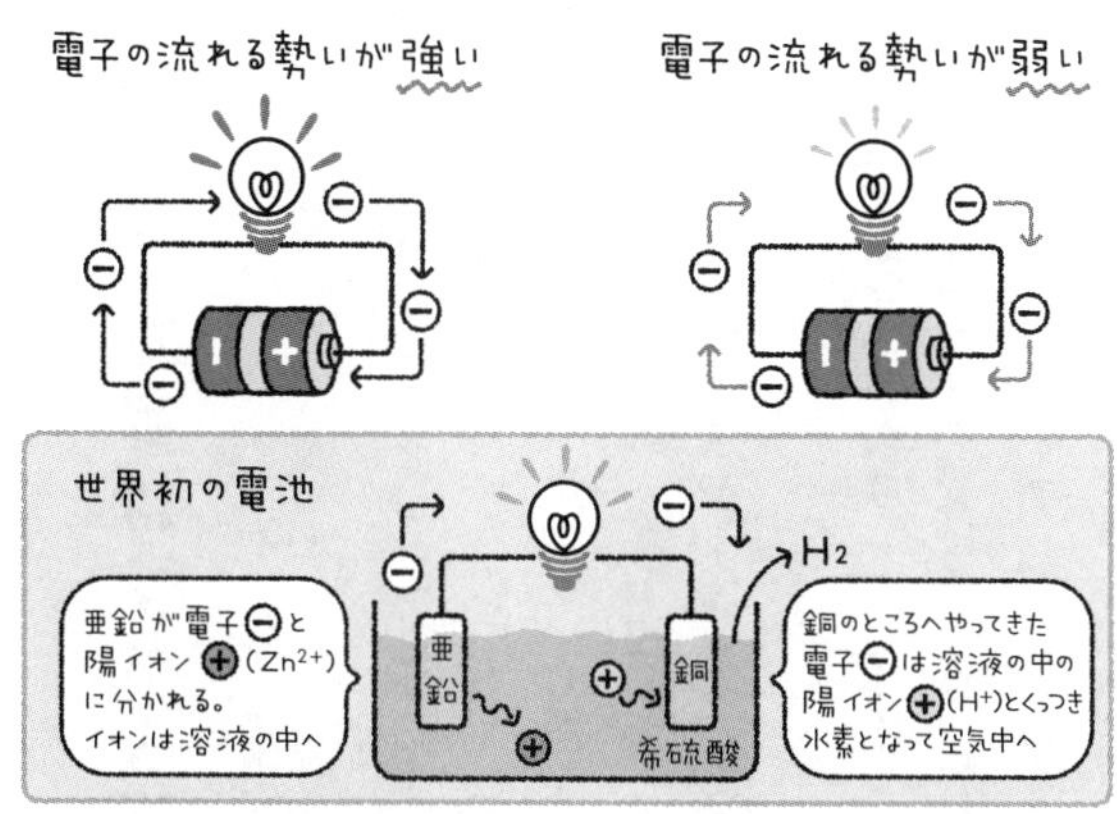

そこで登場するのが今回の主役「積分」です。**時間によって変化する電流の値を「足し合わせる（積分する）」**ことによって、これまでに使った電気の量を計算することができます。こうしてバッテリー残量を知ることができるのです。

電池の発明者はイタリアの物理学者アレッサンドロ・ボルタです。ボルタが作ったのは世界初の化学電池で、電極に亜鉛と銅の2種類の金属板が使われ、電解質溶液に希硫酸が用いられました。

亜鉛板から電子が放出されて銅板に向かって移動するので、電流を取り出すことができる（電池になる）のです。

12 この世界はすべて方程式で表わせる？

数学の授業で方程式を習っている中学1年生のアヤカさん。本格的な内容に進み、文章題では「答えにしたいもの」をxとおいて等式を立て、求めていきます。「算数」から「数学」へ変わり、方程式に進むとなんだかいきなり難しくなったように感じますよね。多くの人が敬遠しがちな方程式ですが、実は私たちの日常生活に密接に関わるものがたくさん存在しています。

・物体の〝運動〟を表わす「ニュートンの運動方程式」

質量mの物体が力Fを受けるとき、物体には加速度aが生じる。そして加速度は受ける力に比例し、物体の質量に反比例する、ということが**「F＝ma」**というシンプルな式で表わされます。スケートのリンクで子供の背中を押すと、子供のスピードはグングン加速しますね。なぜ加速するのかというと、力が加わったからです。

では、同じ力で大人の背中を押したらどうなるでしょう？　大人は子供よりも体重が重い（質量が大きい）ので、同じ力を加えても加速度が子供より小さくなりますね。

・熱を仕事に変換できる「熱力学第一法則」

外から「熱」を加えられると、「内部エネルギー」が変化して「仕事」をする、というもので、**「外から加えた熱の量＝内部エネルギーの変化＋仕事」**と表わされます。

この法則から、どのくらいの「熱」が、どのくらいの「力（仕事）」に変換できるのかがわかります。たとえば、**自動車のエンジン**はガソリンを燃焼させて発生した「熱エネルギー」を、ピストンを動かす「力」に変換して自動車を動かしていますね。

・電磁気現象を支配する数式「マクスウェルの方程式」

イギリスの物理学者、ジェームズ・クラーク・マクスウェルが定立した、電磁場の性質を記述する基本的な方程式です。

４個の方程式から成り、私たちが中学で学んだオームの法則をはじめ、自然界におけるほとんどの電磁気現象はこの方程式から説明できます。身近なところでいうと、**スマホのコードレス充電**なんかにもこの方程式が使われています。

・空気や水など〝流れ〟を記述する「ナビエ‐ストークス方程式」

ニュートンの運動方程式をもとに、流体力学的に書き直したもので、空気や水のような流体が運動して生み出される「流れ」を調べるための基礎方程式です。**車や航空機の設計**、海流運動の解明、はたまた宇宙空間のガスの流れまでシミュレーションすることができます。

・ミクロな世界を調べる「シュレディンガー方程式」

オーストリアの物理学者エルヴィン・シュレディンガーが提唱した量子力学の基礎となる方程式です。原子よりも小さいミクロの世界では、ニュートンの運動方程式では説明のできない運動がたくさんあり、それを知るために必要になります。

量子力学というとなじみがないように思えますが、「半導体」と聞けばどうでしょう。パソコンやスマホなどは量子力学の応用で開発されているのです。

$Q = \Delta U + W$
$\frac{\partial v}{\partial t} + (v \cdot \nabla)v = -\frac{1}{\rho}\nabla p + \nu \nabla^2 v + f$
$\nabla \cdot D = \rho$
$\nabla \times H = J + \frac{\partial D}{\partial t}$
$\nabla \cdot B = 0$
$\nabla \times E = -\frac{\partial B}{\partial t}$

3

章

通学、通勤で見かける
あんなこと

——窓の外からスマホから
聞こえてくる「あの音」は関数だった？

1 カーナビは「三平方の定理」と「連立方程式」の賜物

いつもとは違うルートで自動車通勤している会社員のアオイさん。新規の取引先で商談を終え、これから会社に向かいます。よく知らない道もナビを使えば楽チンですね。目的地さえ設定すれば、あとはナビの指示に従っていれば到着できますから。

カーナビが私たちの現在いる位置を割り出すために、人工衛星を使っていることはご存じかもしれませんが、位置確認をするときには数学で習った**「三平方の定理」**が利用されているのです。

三平方の定理とは、直角三角形の3辺a、b、cの長さを**「$a^2+b^2=c^2$」**で表わせるというもの。cは直角のお向かいにある一番長い斜辺です。人工衛星では、

①衛星から地表までの「距離a」は、衛星が正確に計測しているのでわかっています。

②人工衛星と車までの「距離c」は、車が発信した電波が衛星に届くまでの「時間」

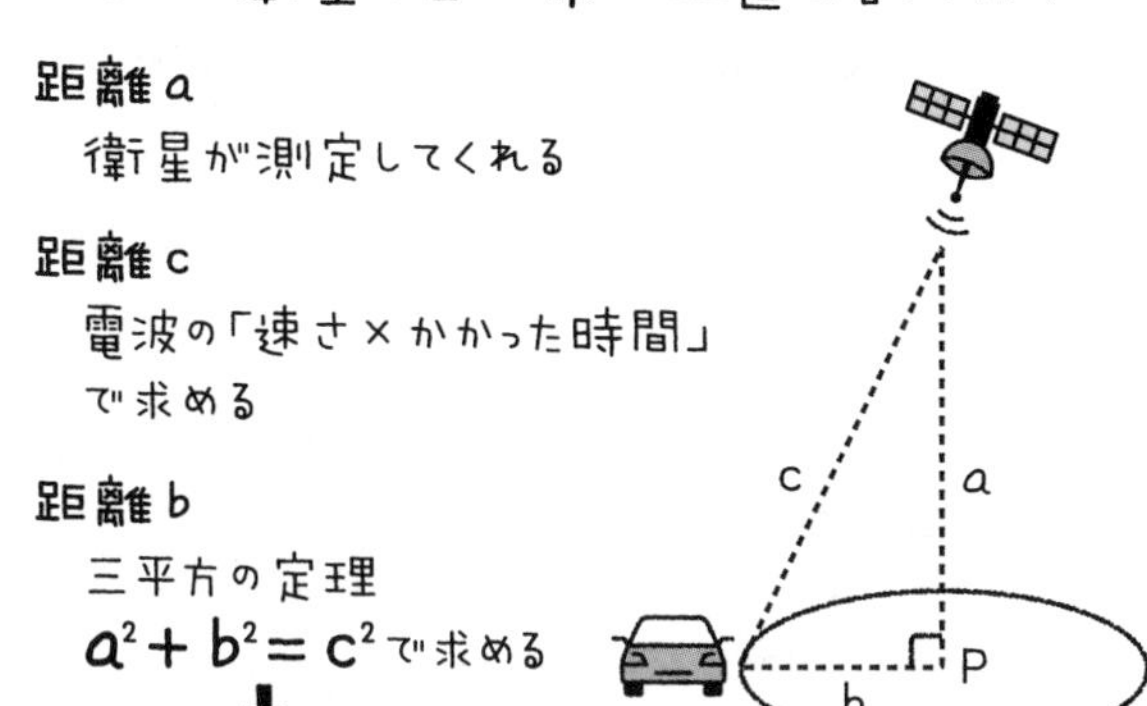

と電波の「速さ」から計算します。「距離＝速さ×時間」の式ですね。

③aとcの情報を三平方の定理に当てはめると地表のある地点P（人工衛星の真下）から車までの「距離b」を計算できます。

しかし、この情報だけでは車に乗ったアオイさんがどこにいるのか1点に定めることはできません。**「円周上のどこかにいる」ということしかわからない**のです（正確には「球面上のどこか」ですが、説明を簡略化するために円周上とします）。そこで、衛星を3つ使ってアオイさんがいる位置を割り出すのです。

・1つ目の衛星からの情報……1つの円周上のどこかにアオイさんがいる

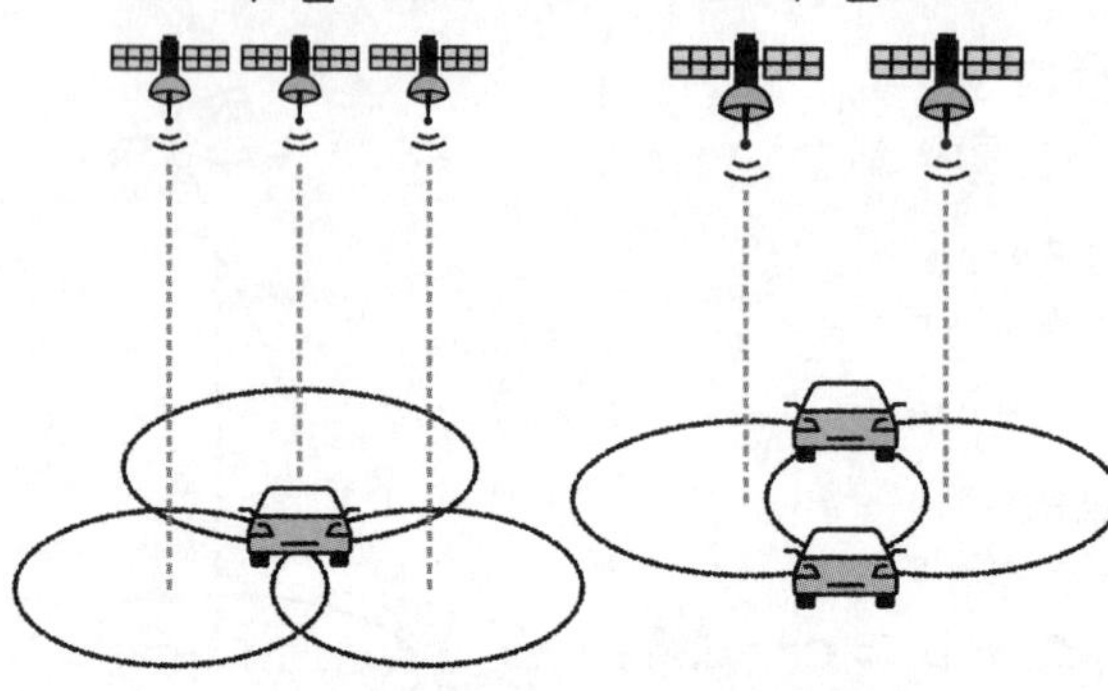

・2つ目の衛星からの情報……アオイさんがいる位置が2カ所に絞られる
・3つ目の衛星からの情報……アオイさんの居場所が割り出せる

このようにして、3つの衛星から得られる情報を**「連立方程式」**で解くことで、アオイさんの現在位置を出しています。

ただ、3つの電波を用いた計算だけでは誤差が生じ正確ではないため、これでも不十分です。

高精度の測量を行なうためにはさらに電波が必要になり、最低4つの人工衛星からの電波を用いて誤差をなくす計算も同時に行なっているのです。

▽あの数学者よりも先に定理を活用していた古代バビロニア文明

三平方の定理は古代ギリシアの数学者ピタゴラスの一派が発見したと考えられがちですが、実はその**1000年以上前から古代バビロニアで知られていました。**

19世紀後半にイラクで発掘された古バビロニア時代の粘土板に、3辺の長さの比が5：12：13と8：15：17になる直角三角形が描かれているのが発見されたのです。「$5^2+12^2=13^2$」、「$8^2+15^2=17^2$」となりますので、確かに三平方の定理が成り立ちますね！　幾何学が進んでいた当時のバビロニア人たちが、土地の測量に三平方の定理を利用していたと考えられています。

ピタゴラスはエーゲ海東部のサモス島で生まれ、幼い頃から算数と音楽の才能を見せていました。エジプトやバビロニアに留学した後、イタリアのクロトネで**ピタゴラス教団**を創設して数の研究を続け、**「万物は数なり」**を提唱して、自然界は数学を通じて理解できると考えました。ピタゴラス教団は秘密主義のため教団内で発見した内容を外に漏らすことを禁じており、違反者は死刑にしていたそうです！

2 「1メートル」の長さはどうやって決めたの？

「300メートル先、左折です。その後まもなく目的地周辺です」

カーナビに従って運転を続け、ようやく会社に到着するアオイさん。あと300メートルだとすぐですね。

ところで、私たちが普段使っている長さの単位「メートル（m）」はどうやって決められたのでしょうか。

長さの単位は古代からありましたが、主に人体の長さを基にして決められていました。メソポタミアや古代エジプト、ローマでは腕のひじ部分から指先までを**「キュビット」**という単位で表わし、その長さは45㎝～50㎝と地域によって差がありました。

ヨーロッパでは1キュビットの2倍の長さを**「ヤード」**として導入しました。今でもゴルフで使われており、なじみがありますね。足のつま先からかかとまでの長さを基にした**「フィート」**も人体を基にした単位です。

▽今の基準は「光の速さ」？

人体を基にした長さの単位は数千年にわたって使われ続けました。しかし、大航海時代に入るとこれまで以上に人や物の移動が盛んになり、各地域で様々な単位を使っていては不都合が生じてきました。

そこで1790年にフランスの外交官タレーランが「**世界中の人が使える統一した単位**を作ろう」と提案しました。そして学者や有識者が集まり、**地球の子午線（地球の経線）を基準にして長さの単位を決める**こととなったのです。

1792年に測量が開始され、子午線の測量にはフランスの北部ダンケルクからスペインのバルセロナまでの距離が選ばれました。北のダンケルク、南のバルセロナと2隊に分かれて測量が行なわれました。

測量が完了した後の1799年、北極点から赤道までの子午線の弧長が算出され、

この1000万分の1の長さを「1メートル」と定めました。そしてこの長さを実物で表わすために板状の**メートル原器**が白金（プラチナ）90％、イリジウム10％の合金で作られました。

こうしてメートルが生まれましたが、人間の手による地球規模の測量ともなると誤差が生じます。メートル原器についても、どんなに硬い物質であっても経年劣化は起こってしまいます。

このため、より厳密なメートルの定義が求められました。

そこで1960年に開かれた国際度量衡総会でメートル原器は廃止され、元素の1

つである**「クリプトン86が真空中で放つ橙色の波長」**を基準として1メートルの長さを定めました。

さらに1983年になるとレーザー技術の進歩を踏まえて、**光の速さ**を基準にして1メートルが決められたのです。**「光が真空中で2億9979万2458分の1秒に進んだ距離」**が1メートルとされました。

2019年に新しい定義が施行されましたが、定義の表現に変更があった程度で、中身に大きな変化はありません。

このようにして、**「人体の長さ」→「地球の長さ」→「光の速さ」**という変遷を経てメートルが定義されたのです。

3 列車やバスの「ダイヤ」は一次関数の集まりだった！

毎日の通学に電車を利用している高校生のアンナさん。今日は電車が遅延しダイヤが乱れているようで、学校に間に合うかハラハラしています。

「あと何分で電車がやってくるのかなぁ」

私たちが普段利用している電車やバスの時刻表は、**列車がいつ・どこを走っているのかが一目でわかるようにグラフ化された「ダイヤグラム」**をもとにして作られています。

ダイヤグラムでは縦軸に駅と駅の距離をとり、横軸に時刻をとります。そして、電車がいつ・どこを通るかを1本の直線で表わします（この直線を業界用語では**スジ**といいます）。一方向に走る列車のスジが右上がりだとすると、反対方向に向かう列車は右下がりのスジになります。実際のダイヤグラムは細かく複雑で、1本1本のスジが織りなす幾何学模様に見えます。

昔は、このダイヤグラムの作成をすべて手作業で行なっていました。線路の状況や運行のニーズ、鉄道会社どうしの連携など様々な条件を満たせるように、**専門の「スジ屋」とよばれる人たちが手作業でダイヤグラムを作成していた**のです。

もちろん、現在ではコンピュータを導入しています。たとえば東京メトロでは平成2年ごろにダイヤ作成機というコンピュータが導入されました。

しかし、事故などの緊急事態に復旧作業を要する場合には、今でも「スジ屋」の方がダイヤを作成しています。

駅員も運転士もダイヤグラムを常に携帯しているそうです。そして列車が大幅に遅れるとダイヤグラムを見て1本後ろの列車の運行時刻に変更するそうです。

▽列車の速さやすれ違いのタイミングが一目でわかる

では、時刻表とダイヤグラムを対応させたものを見てみましょう。

時刻表をもとにして、縦軸（y）に距離、横軸（x）に時間をとると、確かに列車の運行の様子が1本の直線で表わされています。

xとyの関係が直線のグラフで表わされるものを**一次関数**といいました。私たちが中学生のときに「先に出発した徒歩のお兄さんに、自転車で追いつくには……」をさんざん計算したあれですね。

直線の傾きは列車の速さを表わしています。直線の傾きが急であれば列車の速度が速いことを表わし、列車と列車がすれ違うときは直線と直線が交わります。つまり、**直線の交点がすれ違いポイント**となるわけです。右上がりのグラフと右下がりのグラフがあるのは、列車の上り方向と下り方向を示しています。

時刻表は出発時刻や到着時刻が数値で表にまとめられていますが、どの列車がどの列車といつ・どこですれ違うかは一目ではよくわかりません。ダイヤグラムであれば、直線の交点ですれ違うのがわかりますし、スジが混みあっているところは運行している列車が多いんだなと視覚的にわかりますね。

時刻表とダイヤグラム

上り

	列車ア	列車イ
A駅	9:00	9:55
B駅	9:05	10:00
C駅	9:10	10:05

下り

	列車ウ	列車エ
C駅	9:05	10:00
B駅	9:10	10:05
A駅	9:15	10:10

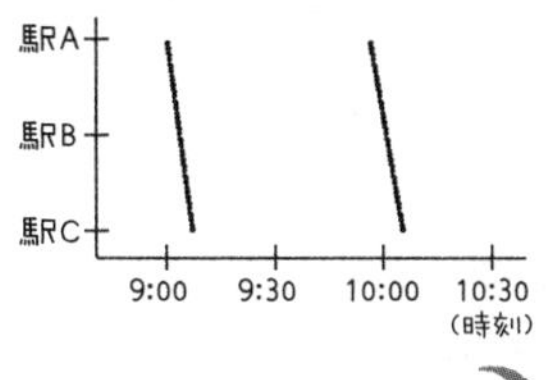

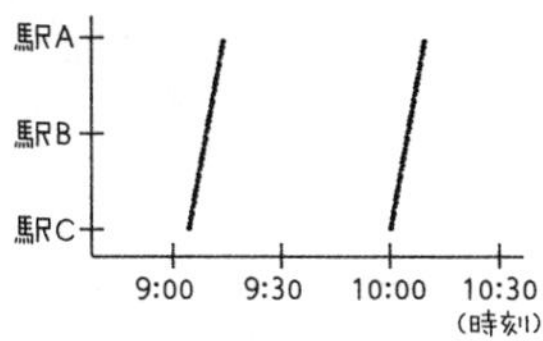

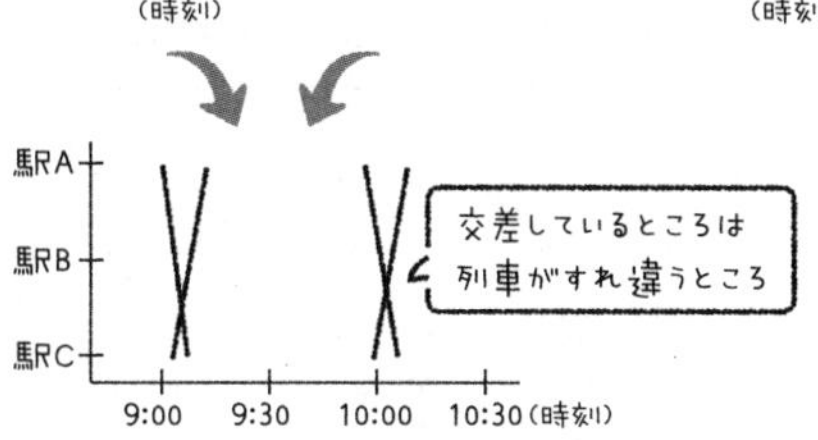

実際のダイヤグラムのイメージ

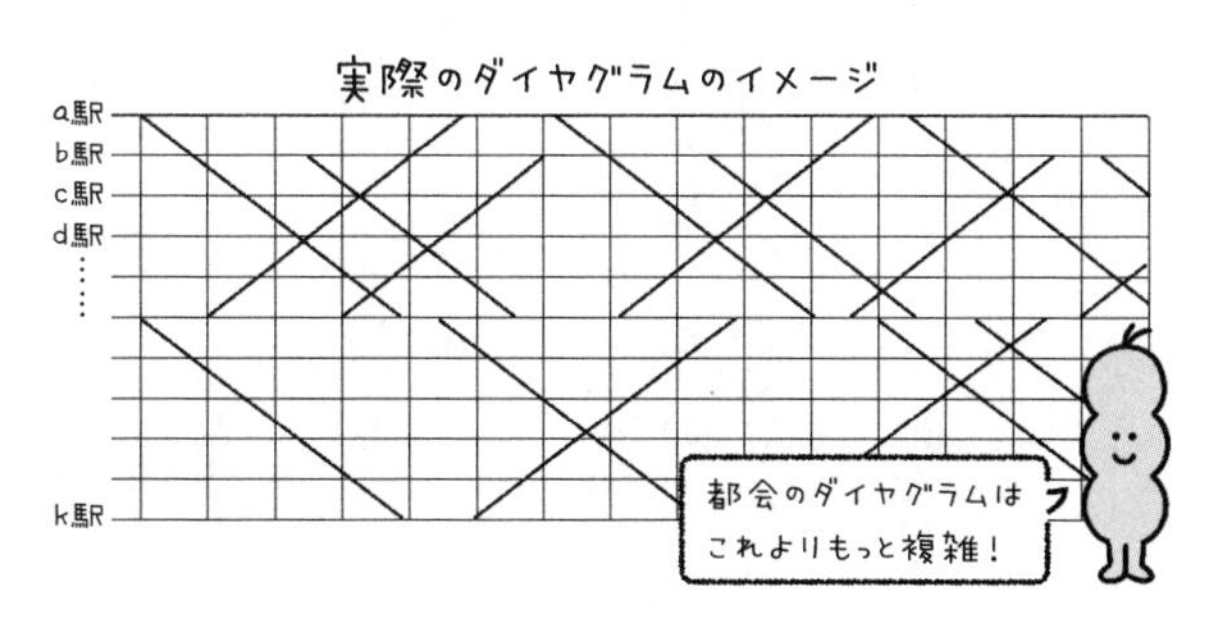

一次関数「y＝ax＋b」

bは「切片」
直線がy軸と交わる点の値。
つまり
xが0のときの
yの値。

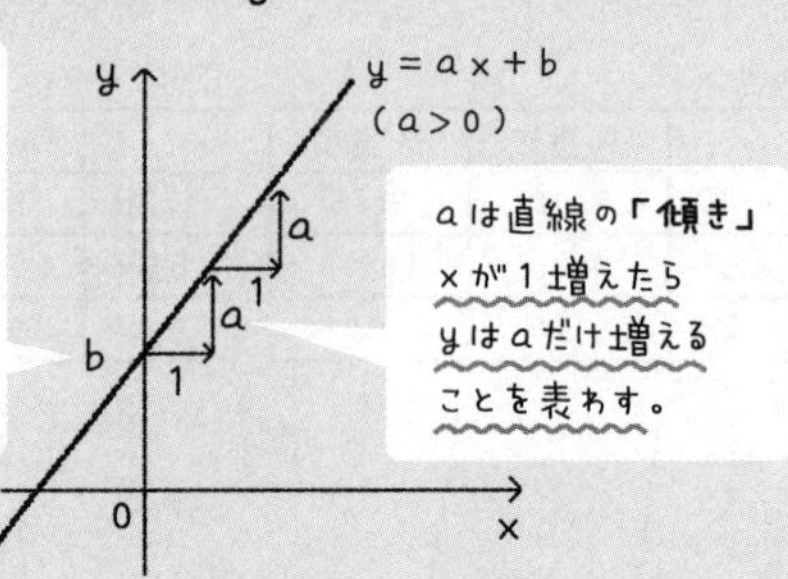

増えていくペースがずっと変わらないから
グラフがキレイにまっすぐなんだねー

ダイヤグラムで登場した**一次関数**とは、縦軸にy、横軸にxをとると**「y＝ax＋b」**の式で表わされ、グラフをかくと直線になりました。

直線のグラフは、xが増加する量とyが増加する量の比がずっと一定ということを表わしています。

電車は一定の速度で進んでいる（かかる時間と進んだ距離の比が一定）ので、ダイヤグラムが一次関数からできていたのですね。

一次関数は、実は自然界の中にも姿を現わします。次項で代表的なものをいくつかご紹介していきますね。

4 コオロギは一次関数で鳴いている⁉

一次関数は、自然界の中にも姿を現わします。いくつか見ていきましょう。

たとえば、秋の風物詩といえばコオロギの鳴き声が思い浮かびますが、私たちはコオロギの鳴く回数を数えることで、そのときの気温を知ることができます。

昆虫は自分で体温を維持できない変温動物なので、気温が下がると動きが鈍くなり、鳴く回数も少なくなります。一方で、気温が上がると活発になり、鳴く回数も多くなります。

アメリカの科学者ジャニス・ヴァンクリーブはこのことに着目して、**「気温」**と**「コオロギの鳴く回数」**について研究し、コオロギの鳴く回数で気温が計算できることを発見しました。

この関係を式にまとめると次のようになります。

気温＝（コオロギが15秒間に鳴く回数＋8）×5÷9

この式で気温をyとおき、コオロギが15秒間に鳴く回数をxとおきましょう。そうすると、y＝（x＋8）×5/9です。

これを整理すると、y＝5/9x＋40/9になりますね。まさしく一次関数y＝ax＋bの式です。つまり気温とコオロギの鳴く回数は一次関数の関係にあったのです。

「空気中を伝わる音の速さ」と**「気温」**の関係も一次関数になります（1気圧で温度変化が小さい場合です）。

音が伝わる速さを秒速y［m／s］とおき、そのときの気温をx［℃］とおくと、

y＝0・6x＋331となります。気温が1℃ずつ上がるにつれて、音の速さが毎秒0・6mずつ速くなるのです。気温を15℃として式に代入して計算すると、音速は340m／sとなり、これは私たちが理科で学んだ内容ですね。

たとえば真夏で気温40℃のときには音速が355m／sになる一方で、冬で気温0℃のときは331m／sになります。

さらに、音以外に、重力のはたらき（による自由落下）も一次関数で表わすことが

自然界にある「一次関数」

「気温」と「コオロギの鳴く回数」

$$y = \frac{5}{9}x + \frac{40}{9}$$

「音が伝わる速さ」と「気温」

$$y = 0.6x + 331$$

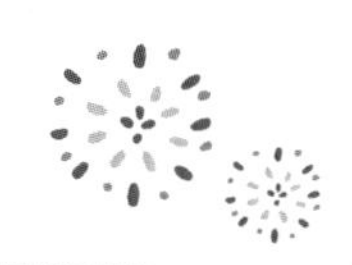

冬に花火をあげたら、
音がちょっとだけ遅く聞こえるのか

できます。ちなみにこのときは、「切片b」（136ページ参照）が0となり、このような一次関数は「比例」といいます。

もっと身近な例はお買い物です。1個200円のお菓子を1個、2個、3個……と買うと、代金は200円、400円、600円……となりますね。お菓子の個数が2倍、3倍になると代金も2倍3倍になります。

ここで出てくるxやyを「代数」といいますが、**幾何学（図形）の問題が代数で表現できることを初めて示した**のは、「我思う、ゆえに我あり」の名言で有名な**フランスの哲学者・数学者のルネ・デカルト**です。

5 私たちの「感じ方」を数式化する

電車を降りて駅前のファストフード店でハンバーガーを買ったアツヤさん。以前は110円だったものが170円になっており、気軽に行けなくなった感じがしたそうです。物価の上昇は消費者心理に少なからず影響を与えますね。

では、もともと1000円だったものが1060円に値上げした場合はどうでしょう。「少し高くなったが、まぁ仕方ないか」くらいで済むかもしれません。

新車を買う場合ですと、本体価格400万円の車にオプションや手数料を含めると、乗り出し価格は約500万円になります。**1つあたり数万円するオプションにも、ハンバーガーの値上げで感じたようなインパクトはありません。**ここから値引きして470万円で買えますと言われると、お得だから買ってしまおうと思えます。

住宅の購入ともなると諸費用だけで数百万円もしますが、そんなものだろうと自然と受け入れられます。**金額が大きくなると感覚がマヒしているように思えます**ね。

私たちは単に金額だけで値上げを感じているわけではないようです。

▽19世紀になされた「感じ方」の研究

このような私たちの「感じ方」を研究したのが、ドイツの生理学者で解剖学者のエルンスト・ウェーバーです。彼は重さの感覚について、次のような結果を導きました。

100gの分銅(ふんどう)を手のひらに乗せて1gずつ重くしていき、10gだけ重くしたときの感覚の変化を覚えておきます。この感じ方をAとしましょう。次に1000gの分銅を手のひらに乗せて1gずつ重くしていき、10gだけ重くします。このときの感じ方をBとします。そうすると、AとBは同じにならないのです。

重さの変化はともに10gと同じなのに、人間は同じように感じません。1000gの分銅に対して100g追加したときに、ようやくAと同じように感じます。

このように、**「増やした重さとはじめの重さの比」が等しくなるときに、私たちの感じ方が同じになる**のです。これを**ウェーバーの法則**といいます。

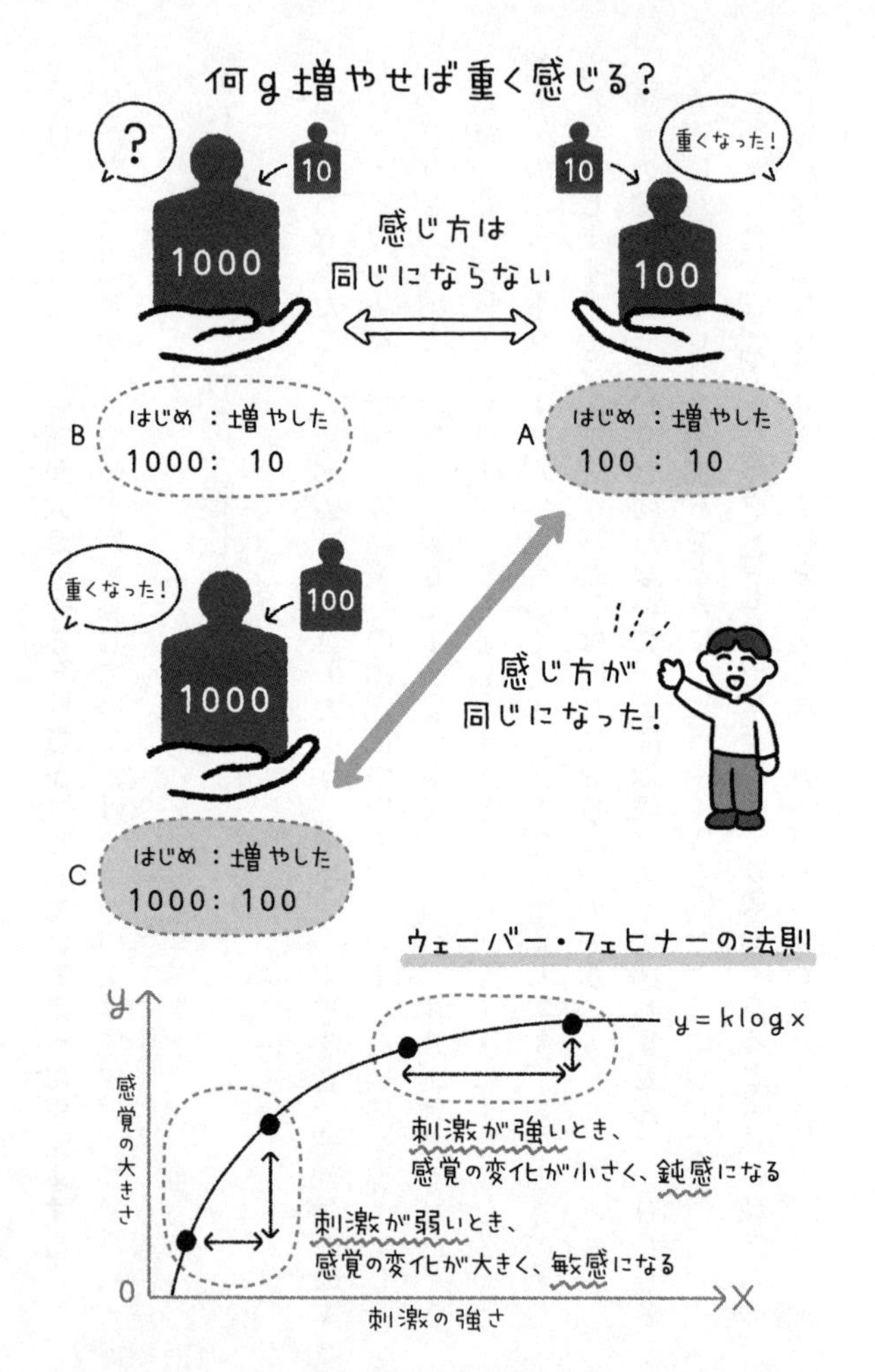
何g増やせば重く感じる?
?
10
1000
10
重くなった!
100
感じ方は
同じにならない
B
はじめ：増やした
1000： 10
A
はじめ：増やした
100 ： 10
重くなった!
100
1000
感じ方が
同じになった!
C
はじめ：増やした
1000： 100
ウェーバー・フェヒナーの法則
y
感覚の大きさ
y = k log x
刺激が強いとき、
感覚の変化が小さく、鈍感になる
刺激が弱いとき、
感覚の変化が大きく、敏感になる
0
X
刺激の強さ

ウェーバーの法則をさらに拡張したのが、ウェーバーの弟子であるドイツの物理学者・心理学者のグスタフ・フェヒナーです。

彼が導き出したのは**「私たちの感覚の大きさは、刺激の強さの対数に比例する」**というものです。これを**ウェーバー・フェヒナーの法則**といいます。表現が硬くてわかりにくいかもしれませんね。ざっくり表現しますと次のようになります。

・刺激が弱いと感度が上がりやすく、刺激が強いと感度は上がりにくい

・弱い刺激には敏感になり、強い刺激には鈍感になる

値段の感じ方で確認してみましょう。ファストフード店のハンバーガーのように110円と金額が小さい（刺激が弱い）ときには60円の値上げに対して敏感になってしまいます。一方で、住宅価格のように数千万円もする（刺激が強い）場合には、数百万円の手数料に対して鈍感になる、ということです。

ウェーバー・フェヒナーの法則は、このほかにも音や匂い、明るさ、熱さや寒さなど様々な知覚に当てはまる法則で、感覚の大きさをy、刺激の強さをxとおくと、y＝k log x（kは定数）という数式で表わされます。ここで出てきた「log」については次項からの「対数」の項で詳しく見てみることにしますね。

6 マグニチュードが2増えると地震のエネルギーは1000倍！

前項で触れた「対数」は、桁数が多すぎて扱いにくい数を扱いやすく変換して表わした数で、極めて大きな数・小さな数でもその規模感がつかみやすくなります。

今回は対数の性質と、私たちの日常生活に現われる具体例をご紹介します。

まずは左の図をご覧ください。矢印の左側には10の指数計算（同じ数を何度もかけ合わせる計算）があります。そして矢印（⇔）の右側には対数の式があります。この矢印は「同値」といいまして、左側が成り立つならば右側も、右側が成り立つならば左側も、同時に成り立つという意味です。

図のように、指数と対数はお互いを行き来することができます。

対数の最大の特徴は**「かけ算をたし算に変換できること」**に加え、**「わり算をひき算に変換できること」**です。

対数ってどんなもの？

対数の仕組み

$$a^{P} = M \Leftrightarrow \log_{a} M = P$$

（Pはaを底とするMの対数という）

指数		対数
$10^{1}=10$	$\Leftrightarrow$	$\log_{10} 10=1$
$10^{2}=100$	$\Leftrightarrow$	$\log_{10} 100=2$
$10^{3}=1000$	$\Leftrightarrow$	$\log_{10} 1000=3$

の増え幅はどんどん大きくなるのに、●は１ずつ増えている！

特徴１　かけ算をたし算にできる！

$$\log_{10}(10\times 100)=\log_{10}10+\log_{10}100$$
$$=1+2$$
$$=3$$

$10^{1}\times 10^{2}=10^{1+2}$ になるイメージ

特徴２　わり算をひき算にできる！

$$\log_{10}\frac{1000}{10}=\log_{10}1000-\log_{10}10$$
$$=3-1$$
$$=2$$

$10^{3}\div 10^{1}=10^{3-1}$ になるイメージ

もとの数の桁数が多いほどこれが役立つ！

▽大きすぎるエネルギーを「対数」で扱いやすくした

日本列島の周りは4つのプレートがぶつかり合っていますので、日本は世界的にみても地震が多く発生する地震大国です。「地震そのものの規模」を表わすのがマグニチュードでしたね。ニュースなどでよく耳にする言葉ですが、たとえば、マグニチュード「3」のときと比べ、マグニチュード「5」のときには、かなり大きな地震の印象があります。たった2増えただけなのに、なぜでしょう。

これは、地震を「エネルギー」で考えてみるとその謎が解けます。

マグニチュード（M）と、地震のエネルギー（E）は、**「$\log_{10}E=4.8+1.5M$」**という対数を使った関係式で表わされることが経験則として知られています。この関係式と対数の性質を使って、マグニチュードが2だけ増えるとエネルギーは何倍に増えるのかを考えてみましょう。

マグニチュードが6のときのエネルギーをE_6、8のときのエネルギーをE_8とおきま

エネルギー量のイメージは球体の体積

$$\log_{10}\frac{E_8}{E_6} = \log_{10}E_8 - \log_{10}E_6$$
$$= 16.8 - 13.8$$
$$= 3$$

$\log_{10}E = 4.8 \times 1.5M$ より、（E：エネルギー、M：マグニチュード）
Mに6、8をそれぞれ代入すると
$\log_{10}E_6 = 13.8$、$\log_{10}E_8 = 16.8$

$$\log_{10}\frac{E_8}{E_6} = 3 \iff 10^3 = \frac{E_8}{E_6} \text{ より}$$

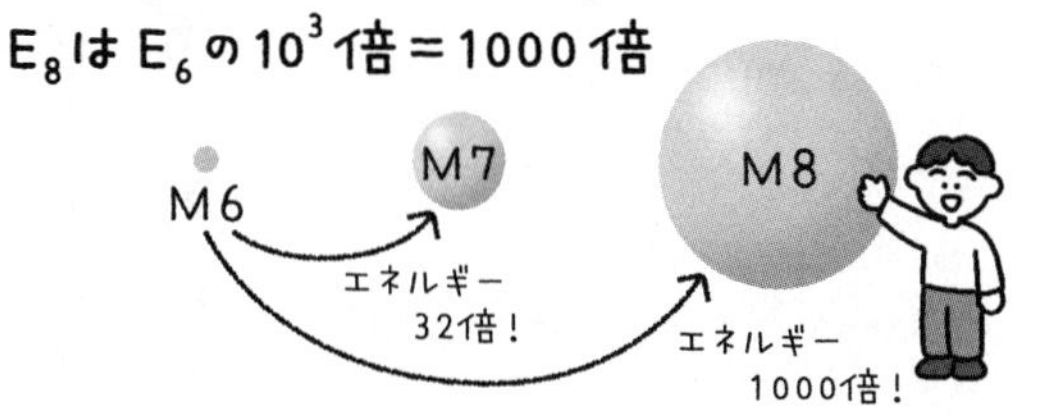

すと、私たちが求めたいのはE_8がE_6の何倍か、つまり$\frac{E_8}{E_6}$の値です。

関係式から、$\log_{10}E_6$＝4・8×1・5×6＝13・8、同じようにしてE_8＝16・8ですので、上の図のとおり計算していくと、確かにE_8がE_6の1000倍になっていることがわかります。**マグニチュードが2だけ増えると、エネルギーは1000倍になる**のですね！

ちなみに、同じように計算してみるとマグニチュードが1だけ増えるとエネルギーは約32倍になります。M6の地震のエネルギーを1とおくと、M7、M8のエネルギーはそれぞれ32、1000となるのです。

7 「対数」のおかげで天文学者の寿命が2倍に延びた！

前項でご紹介した「対数」は、三角関数の色々な計算を楽にするために生み出されたものです。

時は**大航海時代**にまでさかのぼります。15世紀半ばから17世紀半ばにかけて、ヨーロッパ諸国は新大陸を目指して積極的に航海していた時代です。中学で学んだものだと１４９２年のコロンブスの西インド諸島発見、１５２２年のマゼラン一行の世界一周達成などが代表的ですね。

ヨーロッパの食事は肉がメインですが、当時は冷蔵・冷凍技術がありませんので、肉を保存できる**香辛料**（こうしんりょう）が貴重だったのです。ヨーロッパではとれない香辛料を求めて大航海時代が始まりました。

新大陸を求めてヨーロッパ諸国は次々に船を出しますが、当時は遭難（そうなん）や沈没（ちんぼつ）など事故が頻発して多くの命が失われていました。航海は命がけだったのです。**ほんの少し進行方向がずれただけでも目的地にたどり着くことはできません。**

船が現在いる位置を正確に割り出すために、同行している天文学者は「球面三角法」という計算を行ない、実際には測定できない遠いところの距離を計算していました。天文学者は遠洋航海を支えている「縁の下の力持ち」的な存在だったのです。

この球面三角法というのは、サイン、コサイン、タンジェントを使って地球上の2地点の距離や、天体の運行を調べる計算をするものなのですが、その際には**10桁以上の計算精度が必要**でした。

10桁以上の計算精度とは、円周率πを「3」でなく「3・14159265 3……」で計算するようなことですね。大変面倒に思いますが、計算精度が低いと誤差がどんどん大きくなってしまうのです。

特に三角関数で大きい数のかけ算・わり算に天文学者たちは苦しめられていました。当時の計算機ではたし算・ひき算は簡単にできますが、かけ算・わり算には大変手間がかかったのです。

10桁以上の計算精度が求められますし、もし計算が正確でなかったら船が遭難してしまいます。自分だけでなく船員の命も奪われてしまいますので、まさしく「命がけ」の作業だったでしょう。

天文学者たちはそんな計算を毎日延々と繰り返していたのです。

▽20年かけて生み出された「対数表」

こんな苦しい状況を打破してくれたのがスコットランドの貴族で数学者・天文学者の**ジョン・ネイピア**でした。

彼が生み出した「対数」は、かけ算をたし算に変換して簡単に計算できてしまうようにする新たな数でした。

「三角関数の積」を「三角関数の和」に変換する公式を駆使して、精度の高い数値計算ができることを友人から教えてもらったネイピアは、もっと直接的な方法で「積を和に対応させる新たな数（対数）」を生み出せるのではないかと考えました。こうして、対数の着想から20年もの時間をかけて、三角関数の対数を精度高く計算できる「対数表」（153ページ参照）を生み出したのです。

この対数表によって球面三角法の計算がグッと楽になり、より正確な値を算出することができました。これまでの天文学者たちが悪戦苦闘していた計算がどんどん楽になっていったのです。

フランスの数学者ラプラスは次のような言葉を残しています。

「対数は計算にかかる時間を短縮することによって、天文学者たちの寿命を2倍に引き延ばした」

ネイピアは対数をlogarithmという造語で名付けましたが、この由来はlogos（比・神の言葉）とギリシャ語のarithmos（数）になります。対数の発明は天文学者たちだけでなく、多くの船乗りたちの命を救うなど、神の所業のようですね。

私たちが学生時代に苦労した対数ですが、こういうエピソードを知っていたら、もっと真剣に向き合えていたかもしれませんね。

対数表を使った計算にチャレンジ！

1030×2210 → ＼$10^{\triangle} \times 10^{\square} = 10^{\triangle+\square}$の形にすれば簡単！／

まず、1030を$10^{\triangle}$の形にする

$$
\begin{aligned}
\log_{10}1030 &= \log_{10}(10^3 \times 1.030)\\
&= \log_{10}10^3 + \log_{10}1.03\\
&\fallingdotseq 3 + 0.0128 \quad \text{←対数表から探す！}\\
&\fallingdotseq 3.0128
\end{aligned}
$$

$\log_{10}1030 \fallingdotseq 3.0128 \Longleftrightarrow 10^{3.0128} \fallingdotseq 1030$

「**1030**」は、およそ「$10^{3.0128}$」ということがわかる。

同じように、2210 を $10^{\square}$の形にする

$\log_{10}2210 \fallingdotseq 3.3444 \Longleftrightarrow 10^{3.3444} \fallingdotseq 2210$

「**2210**」は、およそ「$10^{3.3444}$」ということがわかる。

表さえあれば筆算なしでできそう！

そして、

$$
\begin{aligned}
10^{3.0128} \times 10^{3.3444} &= 10^{(3.0128+3.3444)}\\
&= 10^{6.3572} = 10^{(6+0.3572)}\\
&= 10^6 \times 10^{0.3572}
\end{aligned}
$$

$10^{0.3572} = ? \Longleftrightarrow \log_{10}? = 0.3572$

←対数表から探す！

「0. 3572」に最も近いのは「$\log_{10}2.28$」のとき

$\log_{10}\mathbf{2.28} \fallingdotseq 0.3572 \Longleftrightarrow 10^{0.3572} \fallingdotseq \mathbf{2.28}$

「$10^{0.3572}$」は、およそ「**2.28**」ということがわかる。

$$
\begin{aligned}
10^6 \times 10^{0.3572} &\fallingdotseq 1000000 \times 2.28\\
&\fallingdotseq 2280000
\end{aligned}
$$

計算機でやると2276300！ 近い！

対数のキホン

$$\log_{10}10=1 \Leftrightarrow 10^1=10$$
$$\log_{10}100=2 \Leftrightarrow 10^2=100$$
$$\log_{10}1000=3 \Leftrightarrow 10^3=1000$$

$10^1\times10^2=10^{1+2}=10^3$ みたいに、
かけ算をたし算にできるんだった！

常用対数表（$\log_{10}$の対数表）

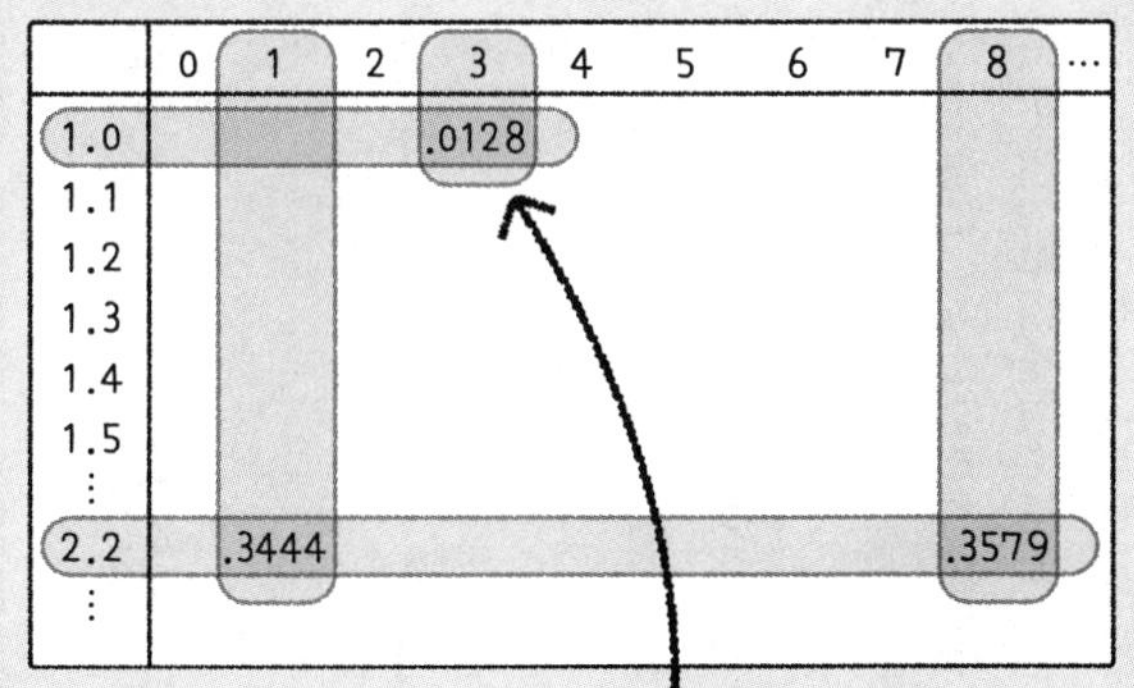

	0	1	2	3	4	5	6	7	8	…
1.0				.0128						
1.1										
1.2										
1.3										
1.4										
1.5										
⋮										
2.2		.3444							.3579	
⋮										

たとえば…$\log_{10}1.03$の値は 0.0128 となる。

$\log_{10}1.01=0.0043$
$\log_{10}1.02=0.0086$
$\log_{10}1.03=0.0128$
⋮
これをあらかじめ計算しておいて、
表にまとめたんだね！　すごい…

8 やっぱり気になる、みんなの「平均」

国税庁の調査によりますと、日本人の平均年収は４４３万円（２０２１年度）だそうです。およそ４４０万円ですね。

平均身長、平均体重など、「平均」という言葉は私たちにとってなじみのあるものです。そして、自分が平均値に近かったり、もしくは高い場合はホッと安心したりもしますね。逆に、平均値よりも低い場合には「ああ、ショックだ……」とガッカリすることもあるかもしれません。

このように、平均値は「みんなこれぐらいの値」であり「普通」「標準的なもの」と捉えていますよね。でも**平均値は本当に「みんなこれぐらいの値」なのでしょうか。**

たとえば次の図のように、３つの集団の平均年収を見ていきましょう。それぞれの集団は５人で構成されていて、平均値はいずれも４４０万円になります。

平均年収は参考になる？

グループ1

Aさん	Bさん	Cさん	Dさん	Eさん	平均
420万円	435万円	440万円	445万円	460万円	440万円

グループ2

Fさん	Gさん	Hさん	Iさん	Jさん	平均
100万円	110万円	440万円	770万円	780万円	440万円

グループ3

Kさん	Lさん	Mさん	Nさん	Oさん	平均
0万円	400万円	410万円	450万円	940万円	440万円

次に各集団の個人の年収を見てみると、グループ1では、みんな440万円付近になっていますので、平均年収と比較しても違和感なく、まさに平均値は「標準的なもの」として機能しています。

グループ2では、100万円から780万円までとなっており、値にばらつきが生じています。このような場合には、みんなの年収がおよそ440万円だとは言い難くなりますね。

グループ3はもっと極端です。無収入の0万円から940万円までと、平均年収440万円から大きく外れているものがあります。このように他のデータから大きく違った値を**「外れ値」**といい、外れ値が多い集団においては、平均値が実態とはかけ離れた値になってしまうのです。

平均値が外れ値に影響されて「みんなこれぐらいの値」ではない場合、私たちは一体どんな値を参考にすればよいのでしょうか。

そんなときに活躍してくれるのが**「中央値」**です。中央値は「データを小さいものから順に並べていったとき、真ん中にくる値」で、先ほどの図では、Cさん、Hさん、Mさんの年収が中央値になります。**中央値は外れ値の影響を受けにくい**のが特徴です。

▽データがどんな分布をしているのかを知って、判断しましょう!

データをたくさんとったときに、平均値を中心にして左右対称で富士山のような形をしているものを**「正規分布」**といいます。一方で、データの値に偏りがあり、正規分布でないものを**「非正規分布」**といいます。たとえば裾が長い分布ですね。

データが正規分布に従うときには平均値と中央値が一致して、平均値はデータの特徴をうまく表現できています。そして非正規分布のときには平均値と中央値がずれており、平均値はうまく機能しないことがあります。

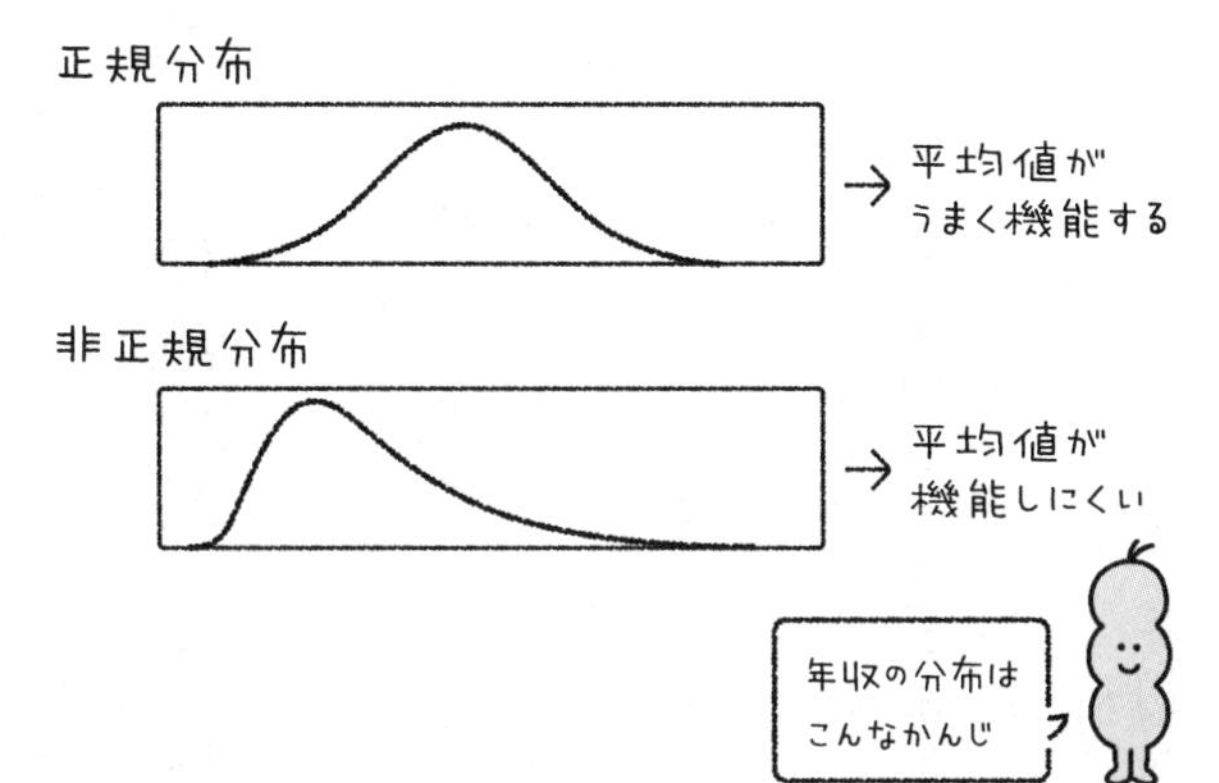

年収に関しては、実は正規分布になっておらず、非正規分布ですから、平均値を用いることは適していません。年収には平均値ではなく、中央値を用いる方がよいのです。

テレビやネット、書籍などで平均年収が取り上げられることもあるかと思いますが、これは非正規分布なので「中央値」を目安に判断してみるとよいですね。

ちなみに2021年度においては、年収の平均値が443万円で中央値は366万円だそうです。平均値と中央値で結構差がありますよね。**高所得者の外れ値に影響を受けて、平均値が中央値よりも高くなっている**のです。

9 偏差値の高い学校は本当に難関校なの?

先月受けた模試の結果を眺めている高校2年生のユウトさん。大学受験合格を目指して日々勉強を頑張っていますが、結果にイマイチ納得のいかない様子です。**前回よりも点数は上がっているのに、偏差値は下がってガッカリ**していました。

点数が上がったのに偏差値は下がることがあり、逆に、点数が下がったのに偏差値は上がることもあります。みんな気になる偏差値ですが、いったい何を表わしていて、どうやって算出しているのでしょうか。

偏差値は**「ある集団の中での自分の位置」**を表わす数値です。平均点をとった人を偏差値50とします。そして、得点が平均点より上の場合には偏差値が51、52……と高くなります。一方で、平均点よりも下回る場合には49、48……と下がります。偏差値が60だと上位約16%で、40なら上位約84%(下から約16%)の位置にいます。

模試の結果に示されている**自分（個人）の偏差値**は、模試を実施する塾や予備校が個々に算出しています。そして、偏差値が模試によって異なることがよくあります。

その原因は、模試によって参加する生徒が違うからです。つまり、塾や予備校が偏差値を推定するのに使っているデータも違います。すると、推定値も自ずと変わってくるというわけです。

また、受験者が少ない場合や受験者どうしの学力レベルの差が大きい場合には、偏差値はあまり参考にならないことも知っておきましょう。

偏差値を算出するのに必要なのは「平均値」「偏差」「分散」「標準偏差」です。

・**平均値**……生徒の合計点÷人数。
・**偏差**………各点数と平均値との差です。
・**分散**………偏差の2乗の平均値です。
・**標準偏差**…分散の正の平方根です。

用語を見ているだけではしっくりきませんので、次ページで実際に偏差値を求めてみます。

「偏差値」はこうやって出している

5人が受けた模試の結果（100点満点）

	Aさん	Bさん	Cさん	Dさん	Eさん
得点	91点	80点	67点	64点	18点

STEP1 平均値を求める

（91+80+67+64+18）÷5＝64点

STEP2 偏差と偏差の2乗を求める

偏差で「ばらつきのレベル」がわかるんだ。

	偏差（自分の得点－平均）	偏差の2乗
Aさん	91−64＝27	$27^2=729$
Bさん	80−64＝16	$16^2=256$
Cさん	67−64＝3	$3^2=9$
Dさん	64−64＝0	$0^2=0$
Eさん	18−64＝−46	$(-46)^2=2116$

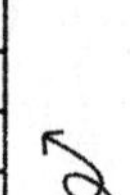

STEP3 分散を求める

（729＋256＋9+0+2116）÷5＝622

「ばらつきレベルの平均」を求めたいけど、ばらつきをそのまま使うと結局±0になっちゃう。ばらつき感をそのまま残してみんな正の数になるよう2乗したのか！

STEP4 標準偏差を求める

$\sqrt{622}=24.94$

だから√してもとに戻すんだね

STEP5 それぞれの偏差値を求める

$$偏差値 = \frac{偏差}{標準偏差} \times 10 + 50$$

Aさん 60.8　Dさん 50.0
Bさん 56.4　Eさん 31.6
Cさん 51.2

「偏差値はマイナス」って悲しいもんね…

基準（真ん中）を50にするために、「＋50」しているんだね。

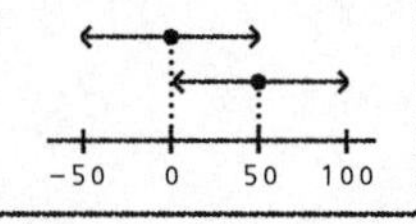

▽塾や予備校が公表する「大学の偏差値」とは？

先ほどまでは個人の偏差値の話でしたが、ここからは「大学の偏差値」のお話です。

各大学の偏差値は、その大学の合格者が過去に受けた模試の点数をもとに塾や予備校が算出しています。では、偏差値が高い大学は難関校といえるのでしょうか。

実は、大学側で**偏差値を恣意的に操作することができます！**　いわゆる「偏差値操作」というやつです……。たとえば、一般入試（学力検査ありの入試）の募集人数を減らすと、以前に比べて合格基準が高くなるので、合格者を高いレベル（高偏差値の人）に絞り込むことができます。

加えて、推薦入試（学力検査なしの入試）による受験者を大量に増やす、受験方式を増やす、受験の科目数を減らす、複数回の受験を認める……などの手法を組み合わせることで、合格者の平均偏差値やボーダー偏差値を実態以上につり上げることができてしまいます。ですので、偏差値が高いからといって一概に難関校とは言えません。

見かけの偏差値だけにとらわれないよう、これらのトリックも知っておきましょう。

10 マーケティングの基礎はドイツのお札にあり!?

会社員のユミコさんは来月から新商品の開発を担当することになりました。情報感度が高く流行に敏感で、時代を先取りしていこうとする先駆者的な姿勢が評価され、商品開発を任されるようになったようです。

そしてユミコさんは今、自宅でマーケティングの勉強に取り組んでいます。ご自身の感性に加えて、理論も取り入れようとしているのですね。

そこで目にしたのが**「イノベーター理論」**です。これはマーケティング理論の1つで、スタンフォード大学の社会学者エベレット・M・ロジャーズ教授が提唱したものです。

イノベーター理論では商品が普及する過程を次の5つの層に分類しています。

1　イノベーター（革新者）　全体の約2・5％
冒険心にあふれ、新しいものを進んで採用する人

2　アーリーアダプター（初期採用者）　全体の約13・5％
流行に敏感で情報収集を自ら行ない、判断する人

3　アーリーマジョリティー（前期追随者）　全体の34％
比較的慎重派で、平均より早くに新しいものを取り入れる人

4　レイトマジョリティー（後期追随者）　全体の34％
比較的懐疑的で、大多数が試している場面を見てから選択する人

5　ラガード（遅滞者）　全体の約16％
最も保守的で、流行や世の中の動きに関心が薄い人

そしてロジャーズ教授は、**市場の16％にあたるイノベーターとアーリーアダプターを攻略することが、商品やサービスの普及の分岐点になる**と述べました（普及率16％の論理）。次ページにある5つの層の分布図は、横軸が経過時間、縦軸は製品のユーザー数（採用者数）を表わします。157ページで登場した正規分布と同じですね！

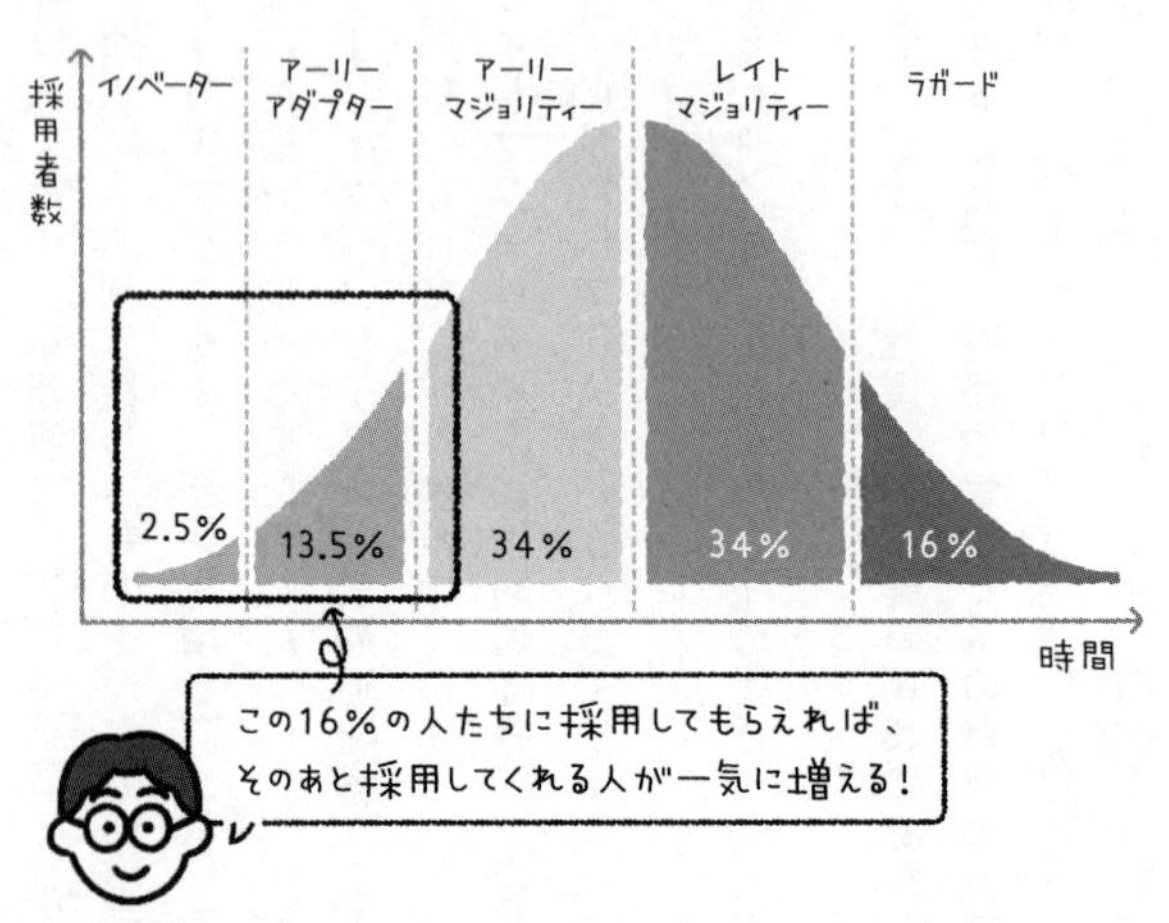

ドイツの旧10マルク紙幣をよく見てみると…

▽「分布の王様」を発見した天才数学者ガウス

たくさんのデータを取り扱い、その性質を調べてより大きな未知のデータや未来のデータを推測する学問が「統計学」です。**正規分布は統計学の中で最も基本的なもので、「平均値」と「標準偏差」を決めることで描くことができます。**偏差値はほんの一例にすぎませんが、正規分布は統計学の基本であり「分布の王様」なのです。

正規分布を発見したのはフランスの数学者ド・モアブルで、それを発展させたのが同じフランスの数学者ラプラスです。そして、彼らとは全く違う独自の方法で正規分布の公式を発見したのが、あのドイツの天才数学者ガウスです。**ドイツの旧10マルク紙幣には、ガウスの肖像画とともに「正規分布」が描かれています。**

今日、私たちが感情だけに頼ったマーケティングに陥らずに「データを数値化・グラフ化」して「顧客の購買行動を予測」できるのは、彼らが統計学の礎（いしずえ）を築いてくれたからですね。

11 建築現場で大活躍「ヘロンの公式」

マモルさんが歩いてお買い物に出かけている途中、とある空き地で作業員たちが長い巻き尺を使って何かしているのを見かけました。何をしているのか気になったマモルさんはそのまま作業員たちを観察していました。

どうやら、作業員たちは巻き尺を使って三角形を作り、それぞれの辺の長さを測量しているようです。いったい何のためでしょうか。

実はこれは、舗装(ほそう)したい土地の面積を求めるためなのです。では、どうして、測りたい場所の周囲でなく、わざわざ三角形の辺の長さを測量していたのでしょう。

たとえば、土地の形がきれいな長方形や正方形であれば、土地の縦の長さと横の長さを測量して「縦×横」を計算すれば土地の面積を求めることができます。ですが、土地の形がいつも長方形や正方形とは限りませんね。ときには、複雑な形をした土地

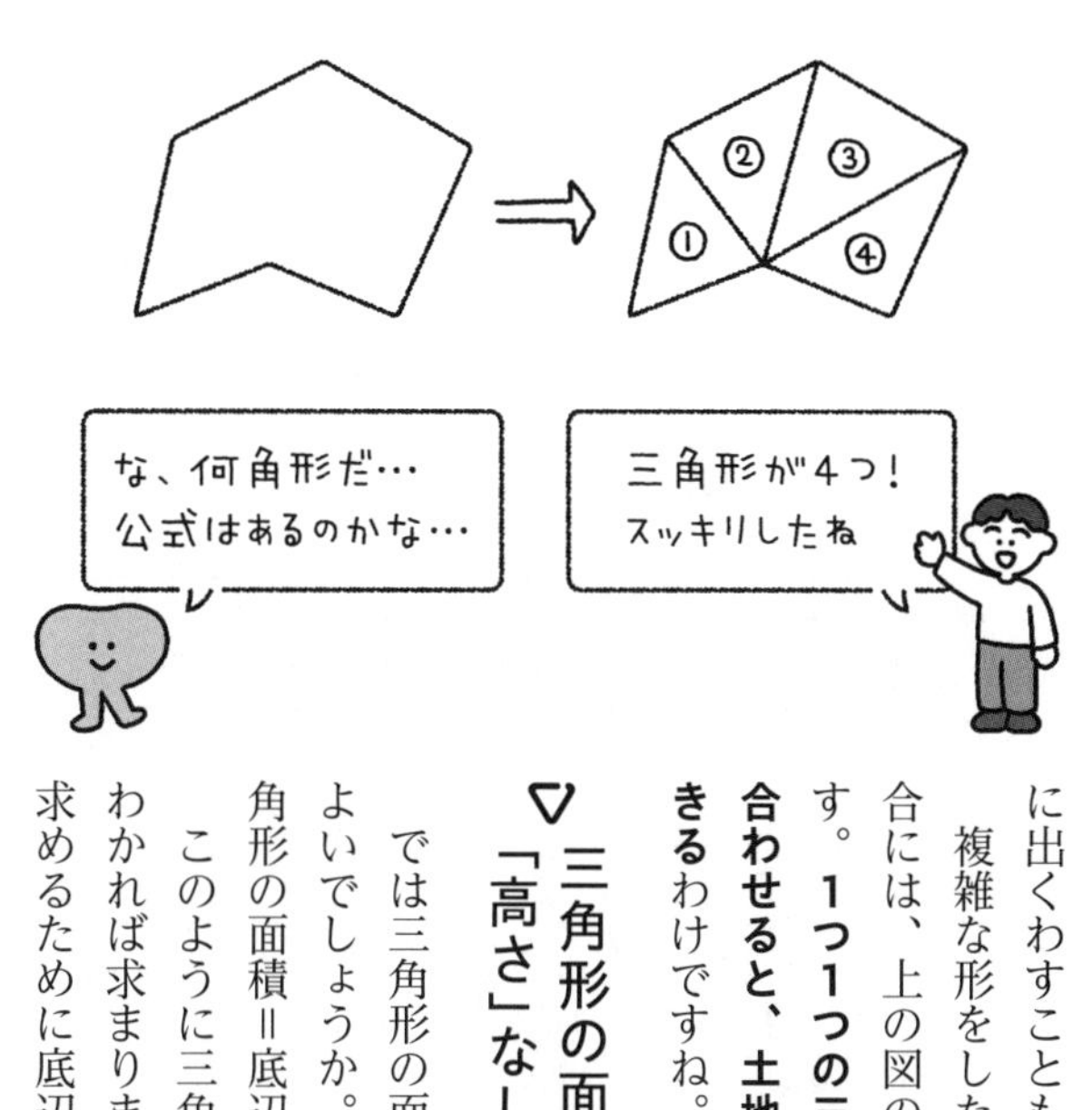

に出くわすこともあります。

複雑な形をした土地の面積を求めたい場合には、上の図のように三角形に分割します。**1つ1つの三角形の面積を求めて足し合わせると、土地の面積を求めることができる**わけですね。

▽三角形の面積を「高さ」なしで求める

では三角形の面積をどうやって求めればよいでしょうか。小学校で習ったのは「三角形の面積＝底辺×高さ÷2」でしたね。

このように三角形の面積は底辺と高さがわかれば求まりますが、この場合、高さを求めるために底辺に垂直な線を作る必要が

三角形の面積の求め方

その1

面積 $S = \frac{1}{2} \times$ 底辺 $\times$ 高さ

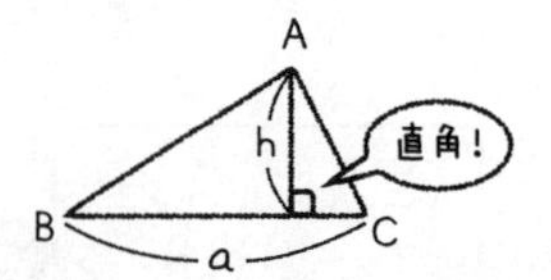

その2

ヘロンの公式

面積 $S = \sqrt{s(s-a)(s-b)(s-c)}$

ただし $s = \frac{1}{2}(a+b+c)$

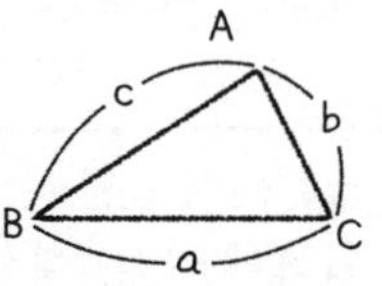

面積を表わす記号「S」は、「合計」を表わす英語のSummation（sum）の頭文字をとったものなんだって

あります。ノートの上に垂直（直角）を作図するのは大したことはありませんが、土地の測量のような、大きな図形において垂直をつくるのは大変なのです。

家でDIYをしたら、垂直だと思って伸ばした線がだんだん傾いていた……なんてこと、ありませんか？

実は、三角形の面積を求める方法はほかにもあります。そのうちの1つが**「ヘロンの公式」**です。ヘロンの公式は**三角形の3辺の長さがわかれば、面積を求めることができる**という優れものです。

先ほどの作業員たちは三角形の3辺の長さを測量していましたね。3辺の長さを測量して、ヘロンの公式を用いて三角形の面積を求め、それをもとに舗装したい土地の面積を算出していたのです。

実際の建築現場では、作業員の方が巻き尺を使って広大な敷地に三角形を作るようにして辺の長さを測量し、事務所に戻って面積を計算しています。

▽「自動ドア」も発明したアレクサンドリアのヘロン

この公式を証明したのが、アレクサンドリアのヘロンです。ヘレニズム期に活躍した数学者・機械学者で、著書の『測量術 Metrica』でヘロンの公式について述べました。また、蒸気を利用した様々な機械の研究にも熱心に取り組み、蒸気タービンや蒸気を使った扉（自動ドア）を発明しました。

今から約2000年前に導き出されたヘロンの公式が、現在の私たちの土木・建築業界にも利用され続けているのですね。

作業員の方が長い巻き尺を使って測量をしているのを見かけたら、アレクサンドリアのヘロンが導き出した「三角形の面積を求めるヘロンの公式」を思い出してくださいね。

12 YouTuberに欠かせない音声編集のノイズ除去

2022年にとある「Twitter（現X）投稿がきっかけで「三角関数不要論」が議論になりました。「三角関数よりも金融経済を学ぶべきではないか」といった内容です。「高校生のときに学んだサイン、コサイン、タンジェントは社会に出てから一度も使ったことがない」「学ぶ必要はないんじゃないか？」「もっと実生活に役立つような分野を学んだ方がよい！」と感じる方もいらっしゃるかもしれませんね。

そんな印象をもたれてしまう三角関数ですが、私たちが身近に感じるところでは建築の設計、測量による地図作成、カーナビ、音の合成や変換など、様々な場所で活躍しているのです。

私たちが初めてサイン・コサイン・タンジェントを学んだときには左の図のようにして考えました。直角三角形の鋭角の1つをθ（シータ）として、辺の**比**をsin

「sinθ」という「比」を関数にしてみる

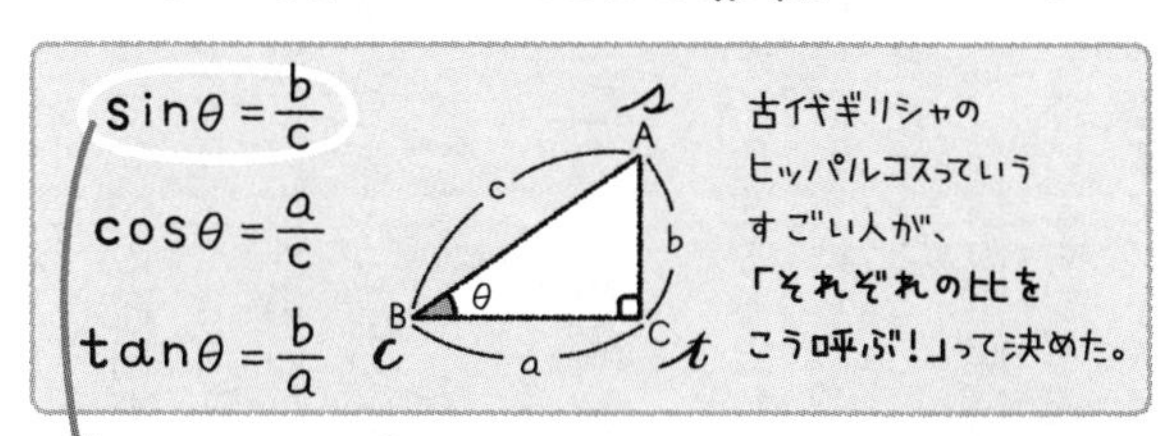

これだけを使う!!

$\frac{b}{c} = \sin\theta$

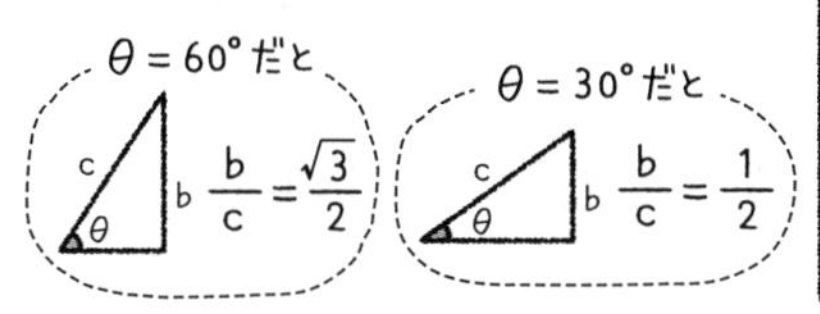

xが変わると
yが変わる
ものを関数で
$y = a\,x$
定数(＝変わらない)
と表わすのと同じ！

角度θが変わると辺の比も変わる…

$y = \sin x$

θ、cosθ、tanθとする！　と昔のエライ人が決めたのでした。

　ここからは、$\sin\theta = \frac{b}{c}$だけを考えます。ほかの2つはいったん忘れましょう。

　直角三角形の角度θが変わると、それに伴い辺の長さも変わります。ということは、辺の長さの値を使って求めるsinθの値も変わります。

　つまり、角度θをx、そのsinθ（$=\frac{b}{c}$）の値をyとして「y＝sinx」を作

ることができるのです。

そして、xの範囲を広げていくと、**関数 y=sin x のグラフは波の形をしている**ことが見えてきます（詳しくは、174ページのコラムを読んでみてください）。

実際に、物理学の世界で波（波動）を数式で表わす際にも三角関数が用いられています。私たちが普段聞いている「音」は空気が振動して伝わりますが、これも波の一種です。ですから、音も関数で表わすことができるというわけですね。

▽動画の音声編集ができるのは「三角関数」のおかげ

音が三角関数で表わされることが身近なところで応用されている例として、音声編集の場面が挙げられるでしょう。

たとえばYouTubeのために自宅の部屋で動画撮影をした際、撮影機材から発生する音、部屋の冷暖房の音、壁から反響する音など、様々な環境音によってノイズが発生しています。不快な音がそのままでは、とてもアップロードできませんよね。

音声編集でノイズを除去するときに活躍してくれるのが「フーリエ変換」です。

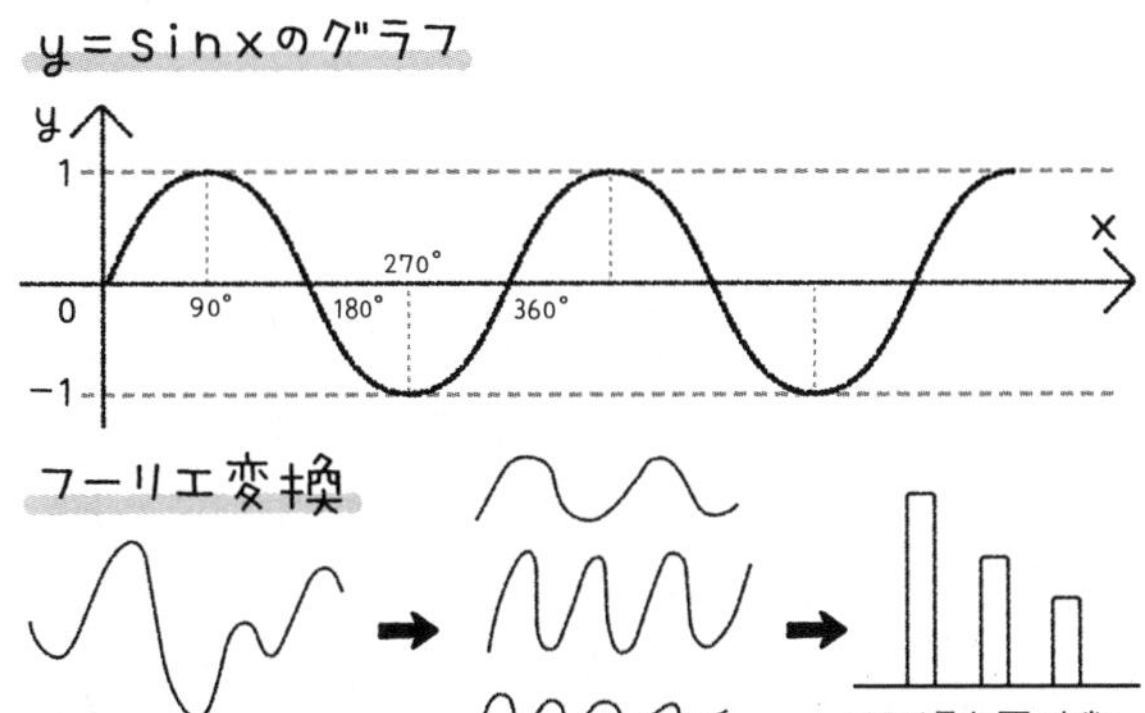

録音したそのままの音声は複数の音が混ざっているので、ごちゃごちゃした複雑な波形をしています。**フーリエ変換は、この波形を単純なサインの波に分解し、スッキリ整理してくれる**のです。

こうして整理した波を周波数ごとにまとめ、ノイズの周波数成分を特定します。そこからフィルタリング（除去）するのです。

以上のように三角関数が活躍する場面は身近にあります。

「三角関数不要論」なんて寂しいことを考えず、ぜひ慣れ親しんでもらえたらなと思います。

コラム

y＝sinxのグラフが波の形をしている理由

三角関数には**「円関数」**という呼ばれ方もあります。

突然ですが、ここに斜辺cの長さが1の直角三角形が2つあったとします。三角形①は鋭角が30度、三角形②は60度です。どちらも三角定規にある形ですね。

先ほどの三角関数を使ってみると、このとき三角形①のsinθは$\frac{0.5}{1}$で0・5、三角形②のsinθは$\frac{0.87}{1}$で0・87です。今回は分母（斜辺）が1だったので、**sinθは辺bの長さと同じ値**になりました。

また、この2つの三角形は、斜辺の長さが共に1なので、半径1の円に図のように当てはめてみることができます。ここで、円と三角形の頂点が重なる場所の**y座標は、辺bの長さ、つまりsinθの値と等しくなっています。**つまり角度θの値によって円の上を動く点の位置をグラフにすればよいのですね。

角度θが0のとき、辺bの長さは0なのでsinθの値は0です。θが0より大きくなると円の右上に三角形ができ、角度θが大きくなっていくほどsinθも大きく

円の上を動く頂点の位置を追いかけてみる

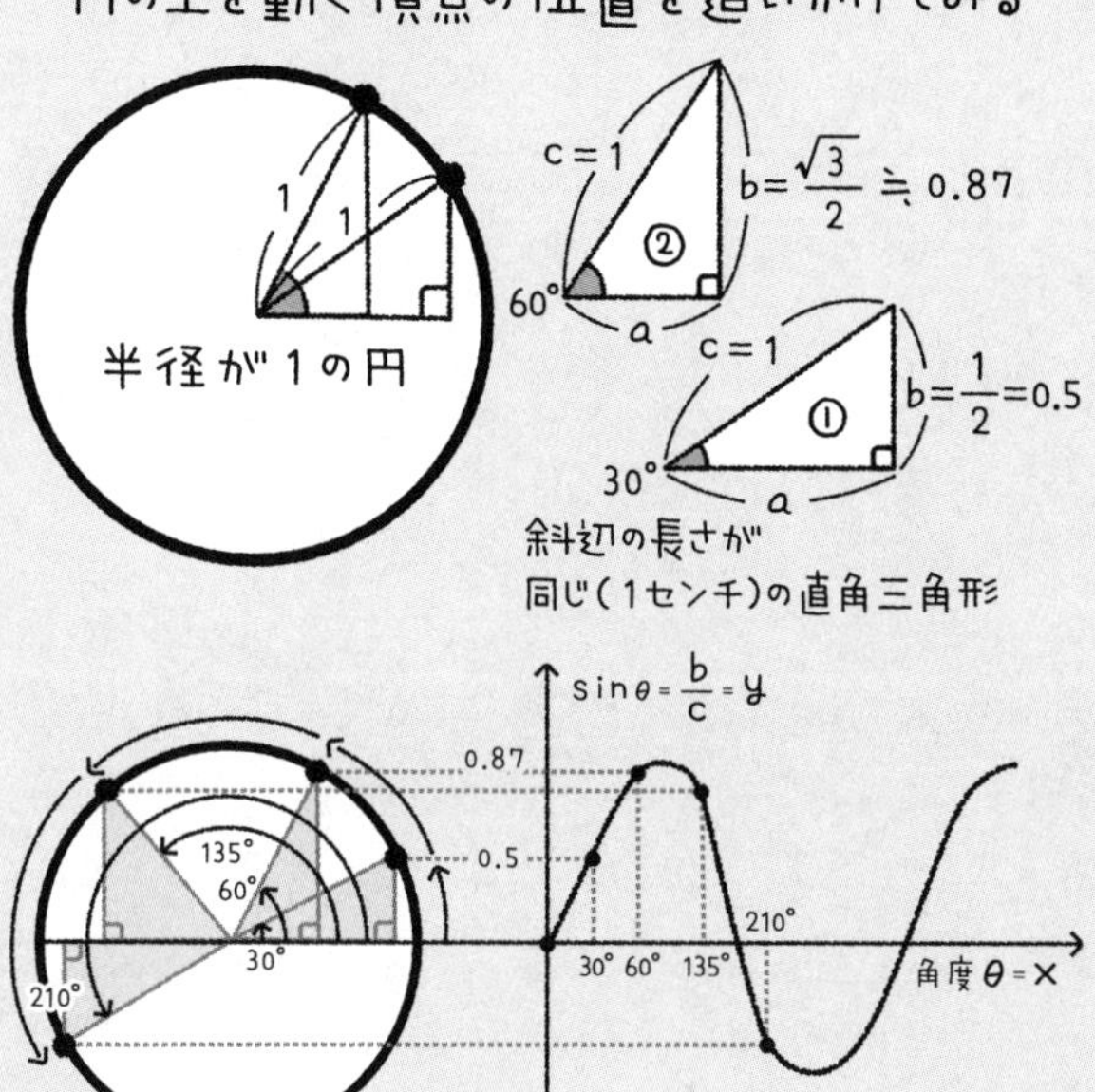

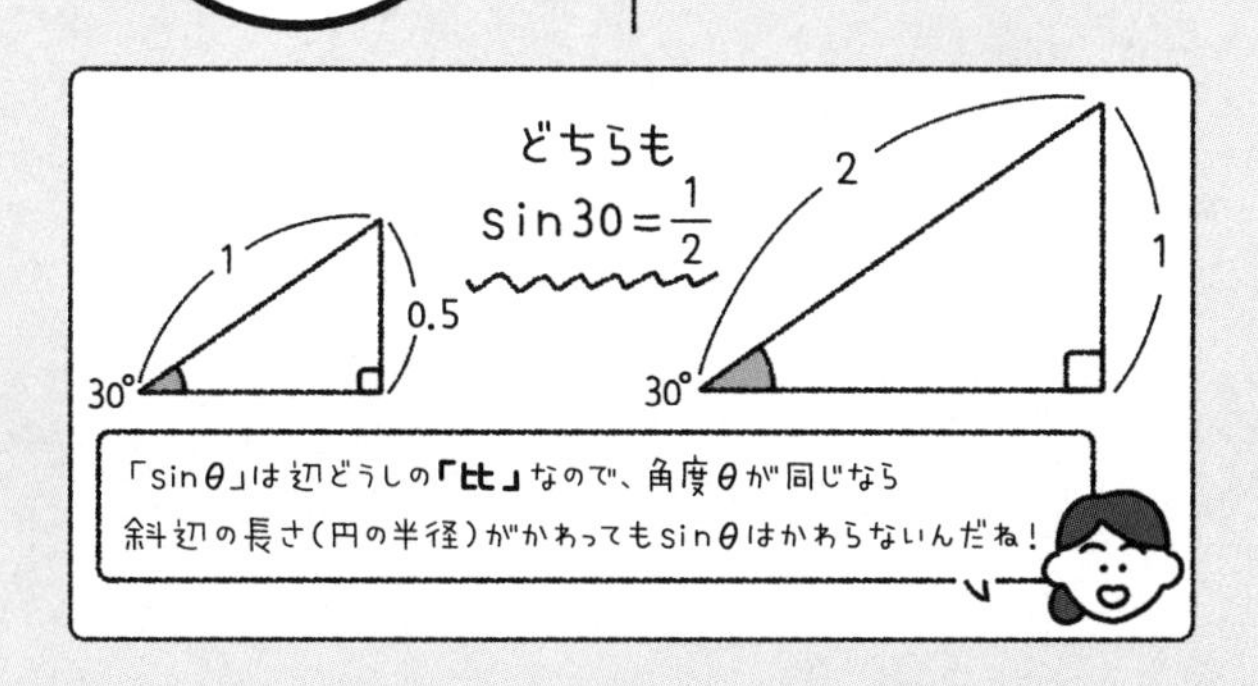

なっていきます。

角度θが90度を超えると、今度は三角形が円の左上にできるようになり、角度θが大きくなるにつれて、s・i n θはどんどん小さくなっていきます。

そして角度θが180度になると、s・i n θは再び0になりますが、180度を超えると今度は円の左下に三角形ができます。このとき、辺bの長さは円の中心（つまり0）より下にあるのでマイナスとなり、s・i n θもマイナスになります。

このように、円の弧を進む点をとっていくと上から下へ、そして再び下から上へ、といった波の形のグラフになるのです。

4章

休日に見かけるひょんなこと

——心を動かす美しさ・心地よさに潜む数字

1 日本人が無意識のうちに好む比

奈良県にある法隆寺は世界最古の木造建築として名高く、毎年多くの人たちが観光で訪れています。人々を魅了する法隆寺の金堂や五重塔のプロポーションには実は、**日本人が無意識のうちに好む「比」**が隠されているのです。

その比は**「白銀比（大和比）」**といいます。私たちが小学生のときに使っていた2種類の三角定規のうち、45度、45度、90度の直角二等辺三角形を思い出してください。この三角形の短い辺と長い辺の比が1：$\sqrt{2}$となっており、これが白銀比です。

$\sqrt{2}$は2回かけ算（2乗）すると2になる数字でした。つまり$\sqrt{2}\times\sqrt{2}=2$となる数で、$\sqrt{2}=1.41421356$……と無限に続く循環しない小数（無理数）で表わされます。語呂合わせで「一夜一夜に人見頃（ひとよひとよにひとみごろ）」とすると覚えやすくなりますね。全部書くのは大変なので、以降は$\sqrt{2}$を1・4とします。

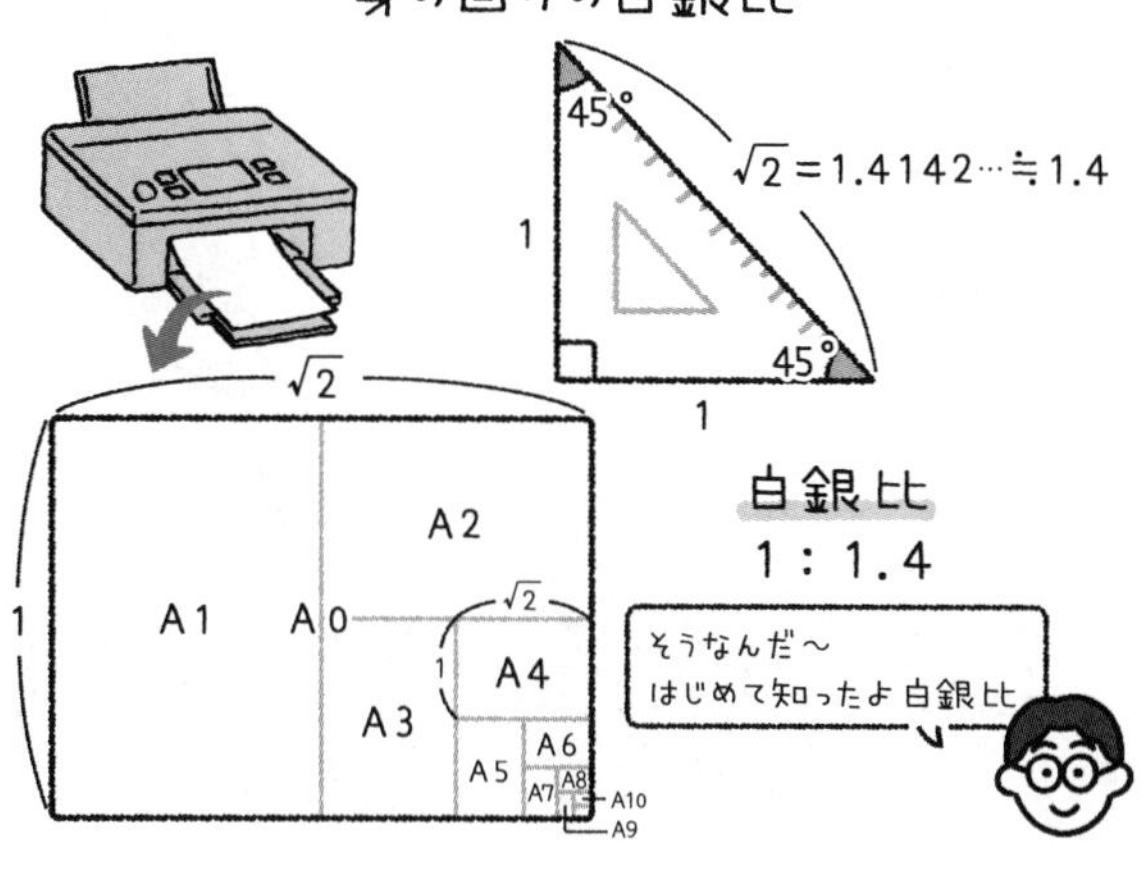

三角定規のほかに白銀比が登場する身近な例として、コピー用紙が挙げられます。

210㎜×297㎜のいわゆる**「A4用紙」**の短辺と長辺の比をとってみると、210：297≒1：1.4となり、1：$\sqrt{2}$の白銀比になっています。

A4用紙の長辺を半分に折ってできるA5サイズも、短辺と長辺の比をとってみると、白銀比になっています。**他のA判サイズも同様で、短辺と長辺の比はすべて白銀比となっています。**

A判はドイツの物理化学者フリードリヒ・ヴィルヘルム・オストワルトによって提案された規格で、現在では国際規格のサイズになっています。

B判も短辺と長辺の比が白銀比になりますが、こちらは江戸時代の美濃判（みのばん）がルーツとなっています。

▽建築物からキャラクターまで

白銀比は東京スカイツリーの中にも登場します。スカイツリー全体の高さは634m、第二展望台までの高さは450mです。この比をとってみると、450：634≒1：1・4で白銀比になりますね。

建築物のほかに、『ドラえもん』や『となりのトトロ』といった**人気アニメのキャラクターの中にも白銀比が現われます。**ぜひ確かめてみてください。

▽俳句にも潜む白銀比

「古池や　蛙（かわず）飛びこむ　水の音」「夏草や　兵（つわもの）どもが　夢の跡」

五・七・五のリズムで詠まれる俳句は松尾芭蕉（まつおばしょう）によって完成されたものです。

俳句のルーツは俳諧（はいかい）という江戸時代に栄えていたもので、五・七・五と七・七を複数の人が詠み合い続ける連歌形式でした。俳句に現われる数字5と7の比をとってみると**5：7＝1：1.4**となり、ここにも白銀比が現われます。

私たちが**無意識のうちにしっくりくると感じる、絶妙なバランスが白銀比には秘められている**のかもしれませんね。

様々なところに登場する$\sqrt{2}$の歴史は紀元前にまでさかのぼります。「三平方の定理」で知られるピタゴラスの教団内でその存在が知られていましたが、ピタゴラス自身は「すべての数は整数の比で表わすことができる」と信じていたため、これに矛盾する$\sqrt{2}$の存在を認めるわけにはいかず、教団内ではタブーとしました。

2 モナリザはなぜ美しい？

白銀比（大和比）は私たち日本人に「しっくりくる」バランスでしたが、主に西洋の人々に好まれるのが**1：1．6の「黄金比」**です。古代ギリシアの数学者ユークリッドが次のような幾何学の問題として考えたのが始まりとされています。

> 線分ABを長辺と短辺の2つに分ける。長辺の長さa、短辺の長さをbとする。aを1辺とする正方形の面積と、bと線分ABからなる長方形の面積が等しくなるように分けなさい。

左の図のように考えて式を解いていくと線分ABを$\frac{1+\sqrt{5}}{2}$：1に分ければよいという結果が導かれます。$\sqrt{5}$はおよそ2．236ですので、代入して整理すると、a：

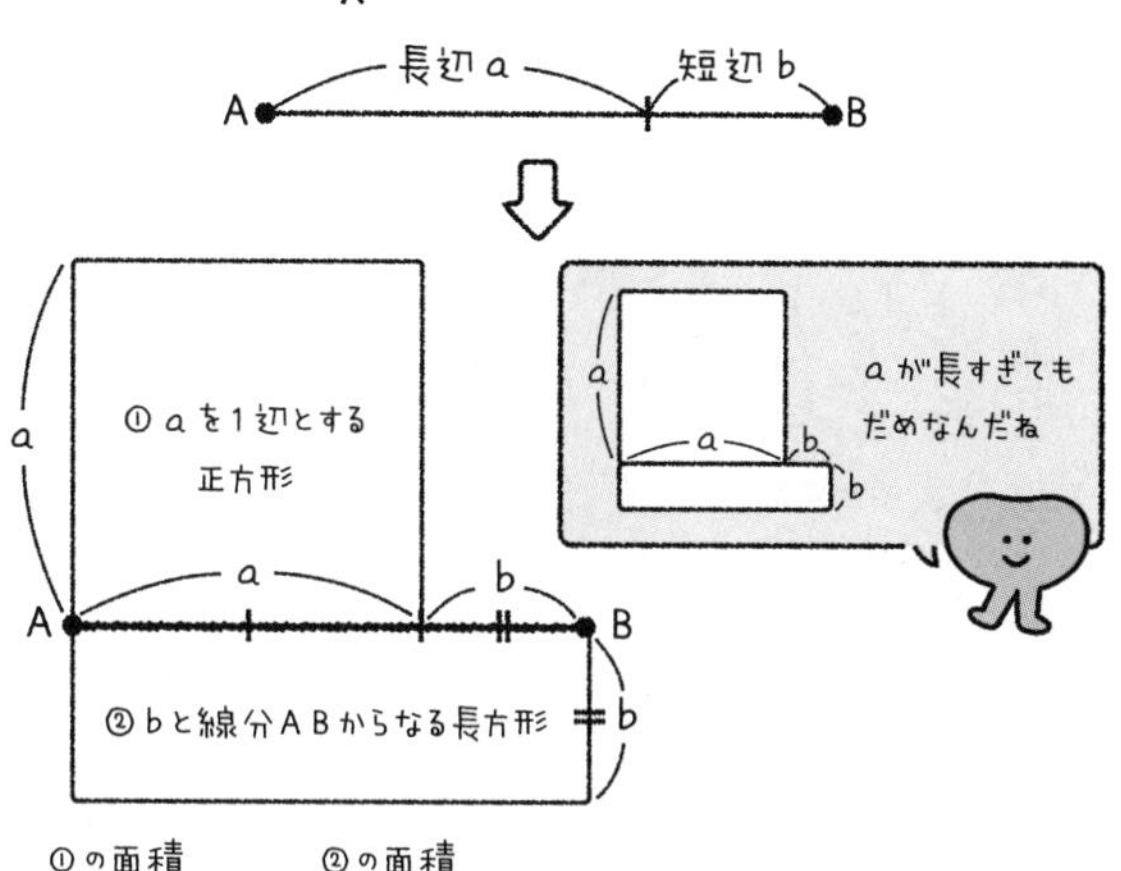

bはおよそ1・6：1になります。**1：1・6の黄金比**ですね。

$\frac{1+\sqrt{5}}{2}$をギリシア文字のφ（ファイ）で表わすこともあります。このほか幾何学においては、頂角が36度の二等辺三角形や、正五角形の中にも黄金比が登場します。

▽あの芸術作品にも…

白銀比と黄金比でできる長方形を比べてみると、長方形の短い辺の長さがともに同じとき、黄金比の方がやや縦に長くなりますね。全体的なプロポーションを見ると黄金比が「かっこいい」感じになり、白銀比は「可愛らしい」感じになります。

黄金比は私たちのよく知る芸術作品の中にも現われます。古代ギリシアで作られた女性の彫刻**「ミロのヴィーナス」**や、世界で最も知られている芸術作品として名高いレオナルド・ダ・ヴィンチの**「モナリザ」**です。

ダ・ヴィンチは芸術家としてのイメージが強いですが、算術や遠近法に造詣(ぞうけい)が深い人物でもありました。

「近代簿記(ぼき)の父」と呼ばれるイタリアの数学者ルカ・パチョーリはダ・ヴィンチと親交があり、彼に数学と複式簿記の教育を施しました。つまり数学におけるダ・ヴィンチのお師匠さんです。

ルカ・パチョーリは『神聖比例論』を執筆し、その挿絵をダ・ヴィンチが描きました。神聖比例とは実は黄金比のことを指しており、それがモナリザの中に現われているのです。これは偶然ではなく、**ダ・ヴィンチは数学を学んで得た「比率」の知識を自身の芸術に取り入れていた**ということでしょう。

あそこにも！ ここにも！黄金比

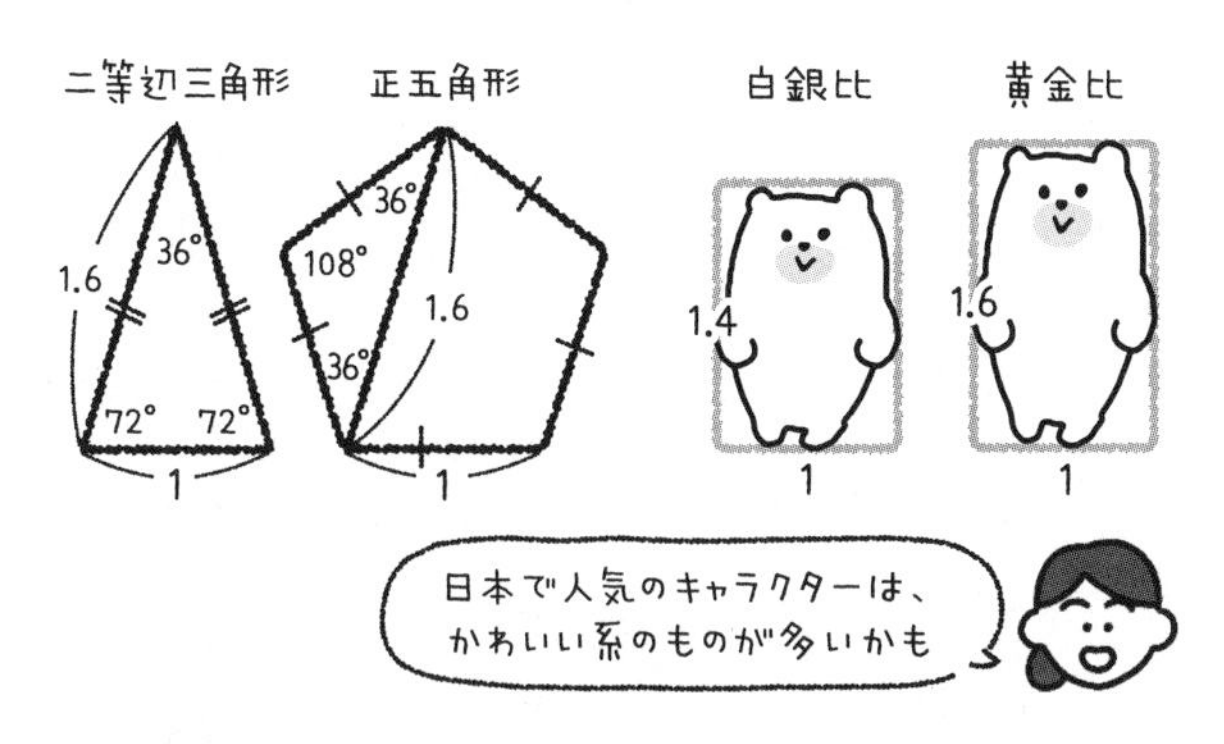

芸術作品

3 残り物には福があるって本当？

祝日に友達と一緒にお出かけしてお買い物を楽しんでいる高校生のミナミさん。ショッピングモールの中をぶらぶら歩いていると行列ができているのを見つけました。どうやらこの先でくじ引きが行なわれているようです。

どうせ一等賞は当たらないだろうなと思いつつも、券を渡されたらチャレンジせずにはいられないミナミさんでした。

並んでいる最中にミナミさんはふと思いました。

「くじを引くタイミングによって、当たる確率は変わるのかな？」

列の先頭の人は、たくさんのくじの中から引くことができるので有利な感じがします。一方で最後の方に引く人は、くじの数が少なくなりますが、「残り物には福がある」ということわざを信じたくもなります。

くじを引くタイミングが当たる確率に影響するのかしないのか、実際に確かめてみましょう。

たとえば10本のうち3本だけ当たりが入っているくじがあり、Aさん、Bさんの順番で引くこととします。引いたくじはもとに戻しません。このとき、Aさんが当たりを引く確率と、Bさんが当たりを引く確率をそれぞれ求めて比較してみればよいですね（もし2人が同時にくじを引く場合には、当たる確率は同じになります）。

▽1人目が$\frac{3}{10}$なら2人目は$\frac{3}{9}$？

「1人目のAさんが当たりを引く確率」ですが、全10本の中から3本の当たりを引けばよいので、求める確率は$\frac{3}{10}$となります。

次に「2人目のBさんが当たりを引く確率」です。Bさんは、Aさんが当たりを引くのかどうかで状況が変わってきます。そんなときは「場合分け」をして考えるとよいです。つまり、**「Aさんが当たりを引いてBさんも当たりを引く」**ときと**「Aさん**

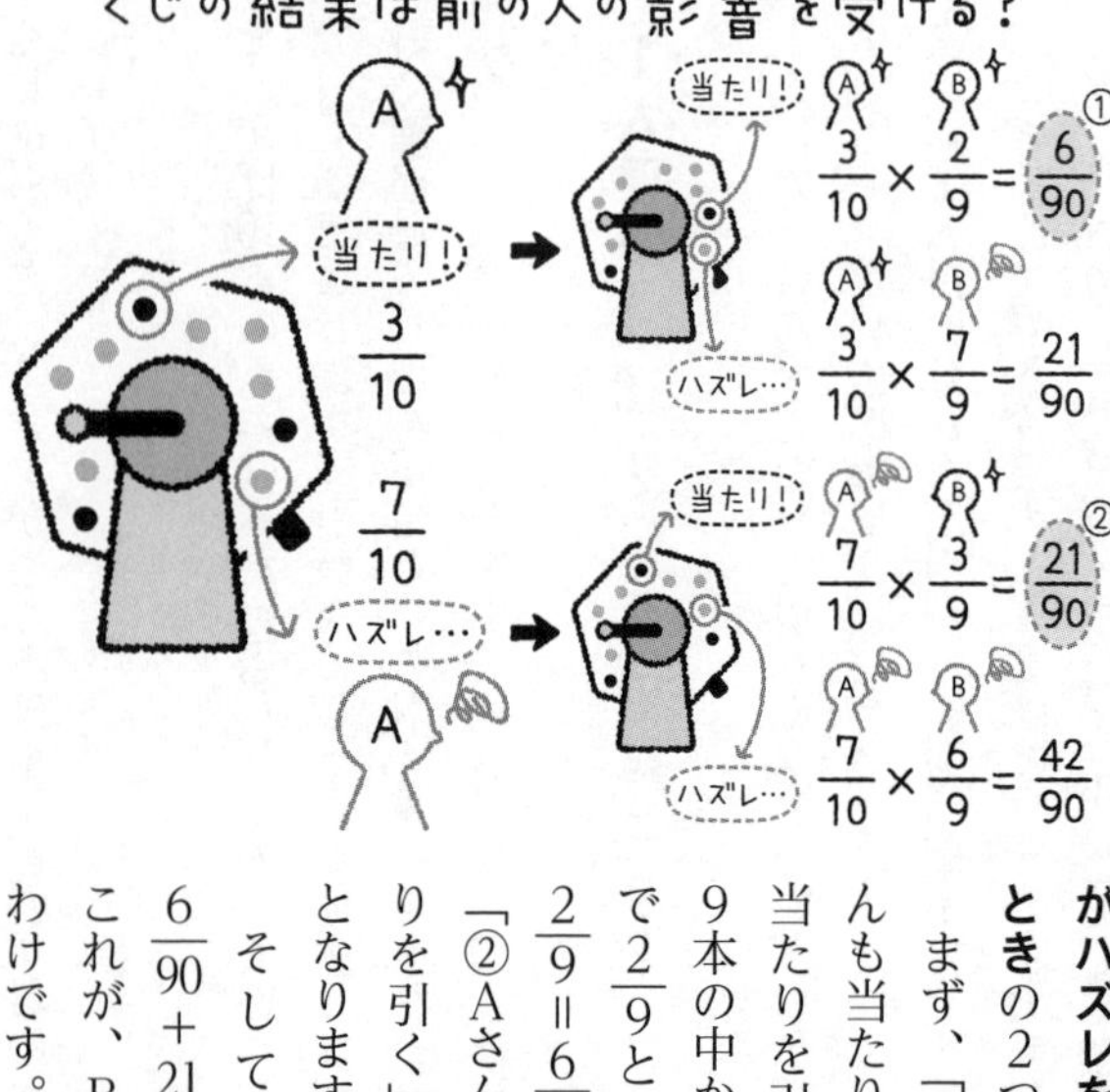

がハズレを引いてBさんが当たりを引く」ときの2つの場合に分けて計算します。

まず、「①Aさんが当たりを引いてBさんも当たりを引く」確率ですが、Aさんが当たりを引く確率が$\frac{3}{10}$、Bさんは残り9本の中から2本の当たりを引けばよいので$\frac{2}{9}$となります。求める確率は$\frac{3}{10}\times\frac{2}{9}=\frac{6}{90}$となります。

「②Aさんがハズレを引いてBさんが当たりを引く」確率も同様に考えると、$\frac{21}{90}$となります。

そして、この2つの確率を足すと、$\frac{6}{90}+\frac{21}{90}=\frac{27}{90}=\mathbf{\frac{3}{10}}$となります。これが、Bさんが当たりを引く確率というわけです。

よくある勘違いは①と②の確率を比べて、Bさんにとって都合のいい方で考えてしまうことです。$\frac{6}{90}$と$\frac{21}{90}$ですので、Aさんがハズレを引いた場合だけを考えた場合、Aさんが先にくじを引くことによってBさんが当たりを引く確率が上がっているように思えますね。

しかし実際には**Aさんが当たりを引くときと、ハズレを引くときの両方の場合を考える必要があるため、2つの確率を合わせる**必要があります。

そして結局はBさんが当たりを引く確率は**$\frac{3}{10}$**となり、AさんもBさんも当たりを引く確率は同じになるのです。

どちらが先に引いても、結局のところ当たる確率は同じなので不公平なく、平等でした。そうすると今回の場合では「残り物には福がある」と言うことはできません。ことわざが当てはまらないのは少し残念な気がしますね。

ちなみに、「残り物には福がある」の由来には有力なものが2つあります。どちらも江戸時代の浄瑠璃に登場する一節で、『ひらかな盛衰記』の「余り茶には福が有る。のんでお休みなされや」と、『伊賀越道中双六』の「余り茶には福がある。然らば今一つ」です。

4 結婚するまでに何人とお見合いすればいい？

受験勉強を乗り越えて第1志望の大学に入学し、卒業後には憧れの企業に就職するなど、これまで自分の目標を叶えてきたマヤさん。入社してから早10年が経ち、自分の人生のステージをさらに進めようとしていました。

「そろそろいい人を見つけて結婚したいな」

今までは自分の努力で目標を達成できていましたが、結婚となると相手あってのことですし、色々と折り合いをつけなければ継続できない場面がでてきます。

別れたいと思ったところでそう簡単にはいきません。離婚は結婚の数倍のエネルギーが必要といいますしね……。自分と価値観が合い、なるべく相性のよい人と巡り合いたいものです。

▽お見合いにおける数学的戦略

人生を大きく変える一大イベントの結婚に対して、数学的な戦略が存在しています。さっそく結論から申し上げますね。

「結婚相手の候補者全体の36・8%を超えていないうちはお見合いを続けます。そのあと、36・8%までに出会った人よりもいい人が現われたら、その人があなたのパートナーに選ぶとよい人です」

これはアメリカの数学者マーティン・ガードナーが提唱した**「36・8%の法則」**と呼ばれるものです。

たとえば、結婚相手を探すときにトータル10人の相手とお見合いをすることになったとしましょう。

もちろんですが、10人全員を同時進行でお見合いを進めることはNGとします。しっかり1人1人と向き合って、順番にお見合いをしていき、あなたはその都度、お見合い相手と結婚するのかどうか真剣に考える必要があります。少しでも気に食わないところがあったら次の人に進めばいいや、という安易な考えはよしてくださいね。

お見合いを続けていくうちに「運命の人」を選んだ際には、残りの人とお見合いはできません。もし最後まで誰も選ばなかった場合には、10人目の相手と結婚することになります。以前にお見合いした人を選び直すこともNGです。

このような状況のもとで結婚相手を選ぶとき、出会って何人目の人を選ぶのがよいかを数学的に考えたのが36・8％の法則です。

今回の候補者全体は10人なので、その36・8％は3・68人、つまり4人目以降に出会う人がベストだということです。

最初の3人目まではどんなにいい人であったとしても、結婚を決断しません。今後の判断の目安として心を鬼にして割り切ってください。そして、最初の3人の中で一番ピンときたお相手を今後の基準とし、4人目以降で、その基準を上回る人がいたら、その人が理想の結婚相手となる確率が最も高いのです。

もし理想の結婚相手が最初の3人に含まれている場合はベストの相手を逃してしまうことになりますが、数学的にはこれがベストの戦略なのです……。

「36.8%の法則」の不思議

100人の候補者から最も優秀な秘書が選ばれる確率を表わしたグラフ

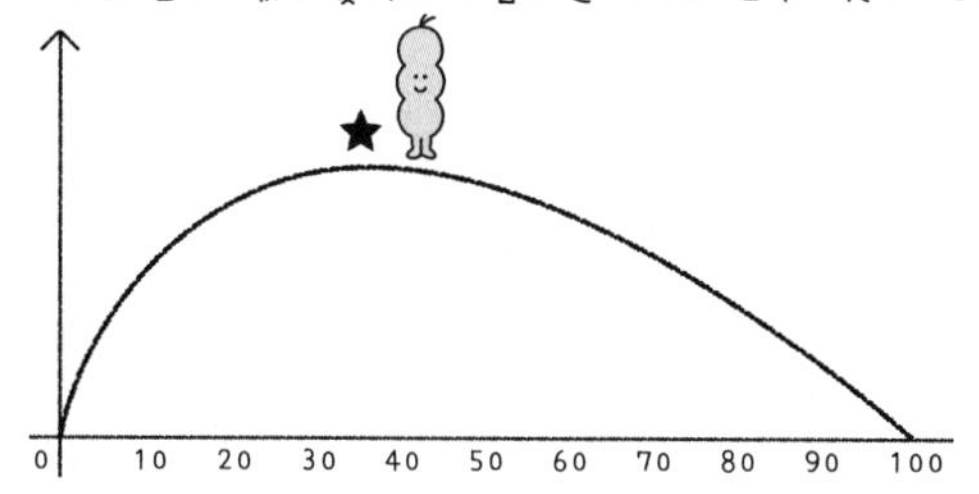

36.8 %という数字は、ネイピア数 e の逆数 $\frac{1}{e}$

ネイピア数は説明が難しいんだけど、無限に続く循環しない小数、つまり π の仲間！ 自然現象や確率などを数式化するとなぜかよく現われる不思議な数で、この世のあらゆる現象を解き明かす鍵になるのでは!? と言われているんだ

e＝2.71828182…

この36・8%の法則は、**もともとは秘書の採用問題として研究されていたもの**です。

もし100人の中から1人を秘書として採用する場合、最初の36人目まではどんなに優れた人であったとしても採用しません。それまでの36人の中でもっともよい人を基準にします。

そして、37人目〜100人目までの中で基準を上回る人を秘書として採用するのがベストなのです。

5 宝くじはたくさん買うほどよいのか？

「300円を元手にして一発大儲(もう)けしてみせる！」

宝くじの列に並び、意気込む会社員のタカヒロさん。宝くじは1枚300円で購入でき、最大で数億円が当せんする可能性を秘めていますのでロマンの塊(かたまり)ですね。

あるハロウィンジャンボ宝くじでは、1等の当せん金は3億円でした。300円が3億円になる可能性があるのですから、普通に考えたらとてつもない大儲けです。

このハロウィンジャンボ宝くじでは1ユニット1000万枚で12ユニット販売されますので、全部で1億2000万枚になります。

1等3億円の当せん本数は12本です。つまり1等が当せんする確率は、12÷1億2000万＝0・0000001となりますので、1000万分の1です。

2等の1000万円は120本ありますので、当せんする確率は1等の10倍で、100万分の1になります。これは**人間に雷が直撃する確率と同等**です。かなりのレアケースですね。2等の当せんですら、大分大変そうです。

一方で、5等の300円は1200万本ありますので、当せんする確率は、1200万÷1億2000万＝0・1で、10分の1となります。10枚宝くじを買ったらようやく300円が当たるイメージですね。

▽1枚買えば141円得られる！　でも…

統計的には10枚買ってようやく300円当たるから、3億円を狙うには有り金を全部使って宝くじをできるだけたくさん買い占めればよいと思うかもしれません。

確かに、たくさん買えばその分儲かりそうな気がします。それが正しいのかどうか数学的に確かめるために、**期待値**という考え方を導入しましょう。

期待値とは、ある1回の行動で得られる値の平均値を示したものです。

たとえば、サイコロを1回投げたときの**期待値**を考えます。サイコロは1から6のどの目でも出る確率は1／6です。この、それぞれの場合の確率とサイコロの数値をかけ算し、すべて足し合わせたものが期待値になります。つまり、1×1／6＋2×1／6＋……＋6×1／6＝3・5となります。何度も何度もサイコロを振って投げると、出る目の値の平均値は3・5になりますよという意味です。「出た目の数×100円もらえる」ゲームならば、平均して350円得られるということですね。

ではハロウィンジャンボ宝くじの期待値はどうなっているのでしょうか。

まず1等の3億円が当たる確率は1000万分の1なので、得られる値と確率をかけ算すると、3億×0・0000001＝30となります。2等の1000万円が当たる確率は100万分の1の確率なので、得られる値と確率をかけ算すると、1000万×0・000001＝10となります。

同じような計算を、1等の前後賞から5等まで続けていって、それぞれの値を足し合わせると宝くじの期待値が算出できます。

その値は140・99、つまり約141になります。ですから、**宝くじを1枚買うと平均すると141円得ることができる**という意味です。

ハロウィンジャンボの当せん金額と本数

等級	当せん金	本数	確率	当せん金 × 確率
1等	3億円	12本	0.0000001	30
1等前後賞	1億円	24本	0.0000002	20
1等組違い賞	10万円	1188本	0.0000099	0.99
2等	1000万円	120本	0.000001	10
3等	100万円	2400本	0.00002	20
4等	3000円	120万本	0.01	30
5等	300円	1200万本	0.1	30
			期待値	140.99

ところで、宝くじは1枚買うのに300円必要でした。ということは、1枚買うごとに141－300＝－159、つまり159円だけ損することになります。

さらに、確率が絡む話や統計学においては**「大数の法則」**という基本定理がありまして、たくさん数をこなせばこなすほど平均の値に近づいていきます。

今回のケースでは、**宝くじをたくさん買えば買うほど1枚あたり159円ずつ損していく**ことになります。100枚買えば1万5900円だけ損する可能性があり、枚数を増やせば増やすほどこの精度が高まりますので、宝くじを買えば買うほど損する可能性が高まるのです。

6 お得なギャンブルはどれだ？

先ほど「確率」と「期待値」の観点から宝くじを見ていきましたが、今回はさらに「還元率」をご紹介します。

宝くじは1枚300円で、その期待値は141円でしたね。141を300で割って100倍すると、**賭けた金額に対する期待値の割合**を求めることができます。これを**還元率**といいます。もう少し簡単に言いますと、**使った金額に対してどのくらい戻ってくるのか**を表わしたものです。

141÷300＝0・47となりますので、宝くじの還元率は47％ということができます。還元率が50％を下回っていますから、宝くじは買った瞬間に価値が半分を下回ることを指していますね。ハッキリわかるぐらいの大損です……。

ギャンブルとして身近にあるものといえばパチンコ、競馬、オートレース等が挙げ

ギャンブルの「還元率」

ギャンブルの種類	還元率
オンラインカジノ	95%
パチンコ・パチスロ	85%
競馬	70～80%
競艇	75%
競輪	75%
オートレース	70%
スポーツくじ	50%
宝くじ	47%

られますが、これらの還元率はどのようになっているのでしょうか。

上の表を見ておわかりのように、宝くじやスポーツくじは還元率が約50%と、ほかのものに比べると圧倒的に低いですね。テレビで流れるCMの明るいイメージだけで判断するのはよくなさそうです。

一方で、**還元率が最も高いのはオンラインカジノ**です。現在のところ日本では合法でも違法でもない状態ですが、日本は賭博を法律で禁止しているので堂々と論ずるのはよくないかもしれません……。

競馬・競艇・競輪・オートレースや宝くじ・スポーツくじは「公営ギャンブル」と呼ばれており、それぞれに監督省庁が存在しています。そしてこれら**公営ギャンブルは国庫などの収入源の一部となっている**ため、違法にならないのです。

パチンコに関しては三店方式と呼ばれる営業形態をとっており、パチンコ店、景品交換所、景品問屋（とんや）の3つの業者およびパチンコで遊ぶ人が特殊景品を経由することで違法性が問われない形になっています。

▽確率論のはじまりはギャンブルだった

現在の確率論の始まりは、フランスの数学者**ブレーズ・パスカル**と**ピエール・ド・フェルマー**がやりとりしていた手紙だと言われています。

フランスの貴族シュバリエ・ド・メレは賭け事が大好きでして、あるときギャンブルで大損をしてしまいました。そこで負けてしまった理由を友人のパスカルに質問したのです。そしてパスカルはフェルマーに助けを求めて、手紙のやりとりがあったということです。

フェルマーへ

「AとBの2人が同じ額の賭け金を出し合い、
先に3勝した方が勝ち」とするギャンブルを
していたが、途中でやめることになった。
その時点でAが2勝1敗で勝っていたが、
賭け金の分配方法がわからない。
賭け金はどう分配すべきだろうか？

これ、どうしたらいいかな？

パスカルより

ちなみにパスカルは、フランスの数学者、哲学者で**「人間は考える葦(あし)である」**の言葉を残した人物です。高校数学では「パスカルの三角形」、中学理科では「パスカルの原理」でおなじみですね。

また、フェルマーはフランスの裁判官で数学者。かの有名な**フェルマーの最終定理**を発見するも、

「私は真に驚くべき証明を見つけたが、この余白はそれを書くには狭すぎる」

と言葉を残し、証明せずに死去しました。

このフェルマーの最終定理は彼の死から約330年後の1995年に、イギリスの数学者アンドリュー・ワイルズによって証明されました。

7 小学生にも計算できるのに数学者でも証明できない「コラッツ予想」

会社員のリョウタさんがスマホで雑学のネタを探していると、気になるタイトルを見つけました。

「小学生でも理解できる簡単な問題を証明して、1億2000万円を手に入れよう」

簡単な問題を証明することで大金が稼げるとはどういうことでしょう⁉　ネットの記事を読んでみると、その問題は**「コラッツ予想」**というものでした。

> ①ある正の整数が偶数のときは2で割る。
> ②ある正の整数が奇数のときには3倍して1を足す。
> これら①と②を繰り返すと、最終的な計算結果は1になるだろう。

たとえば４の場合は偶数なので、①のルールに従い２で割りましょう。そうすると、４÷２＝２となります。そして２も偶数なので、続けて２で割りましょう。２÷２＝１となり、最終的な答えは１になりました。

次に奇数の５の場合を考えましょう。奇数のときにはルール②に従い３倍して１を足すので、５×３＋１＝16となります。16は偶数なので２で割り、16÷２＝８となります。８も偶数なので２で割り、８÷２＝４となります。４も偶数なので２で割ると４÷２＝２となり、続けて２÷２＝１となります。こちらも最終的な計算結果は１となりました。

では、数字を大きくして１００で計算結果を検証してみましょう。１００は偶数なので２で割ると50です。以下、計算結果のみを書いてみますね。

１００→50→25→76→38→19→58→29→88→44→22→11→34→17→52→26→13→40→20→10→5→16→8→4→2→1

手動での計算は大変ですが、それでも最終的な計算結果は１になりました。

偶数のときに2で割って小さな数値になると安心し、奇数のときに3倍して1を足すと数値が大きくなり、ゴールが遠のいた感じがして不安になりますね。それでも粘り強く計算を続けていくと確かに最終結果は1となるのです。

100のほかに、もっと数を大きくしても同様です。このようにルールや計算方法はシンプルで計算結果も1になるので、確かに小学生でも理解できる内容です。

▽懸賞金をかけたのは日本企業!?

コラッツ予想はドイツの数学者ローター・コラッツによって1937年に提起された未解決問題です。別名で**3n+1問題**ともいいます。

ちなみにコラッツ予想を題材にした入試問題が出題されることがありました。たとえば2011年の大学入試問題のセンター試験数学Ⅱ・B、2020年の愛知県公立高校入試の数学などです。

コラッツ予想は内容そのものは簡単に感じるのですが、その証明は難しく、現在に至るまで解決されていないのです。スーパーコンピュータを用いて2の68乗までは予想が成り立つことが確認されており、**多くの数学者がおそらく正しいのだろうと考えていますが、すべての自然数について成り立つことの証明はなされていません。**

フィールズ賞を受賞したことのあるオーストラリア出身の数学者テレンス・タオは2019年に、コラッツ予想は「ほとんどすべての正の整数について1になる」ことを論文で発表しましたが、完全な解決には至っていません。

64ページでも少しご紹介した「放浪の数学者」と呼ばれるポール・エルデシュは生前、コラッツ予想に対して**「数学はまだこの種の問題に対する用意ができていない」**と述べています。

日本にある「株式会社音圧爆上げくん」（東京都）は、2021年にコラッツ予想になんと**1億2000万円の懸賞金**をかけました。あなたもぜひチャレンジしてみてください！

8 数字どうしにも「友愛」が存在する

私たち人間は社会的な生き物ですから、他者との関係を絶ち、自分一人だけで生きていくのは難しいですね。家族や友人など、私たちが他者に対して深い思いやりをもつさまを「友愛」と言いますが、自然数の中には**「友愛数」**という特別な数字のカップルが存在します。数字どうしにも私たち人間のように「お友達」がいるのです。

友愛数とは、**異なる2つの自然数（正の整数）の組で、自分自身を除いた約数の和が互いに他方と等しくなるもの**をいいます。

わかりやすくするために、1つ1つ丁寧に説明していきますね。友愛数のポイントは「約数の和」ですが、そもそも約数とは何だったでしょうか？

たとえば4の約数とは、4を割り切ることができる数字のことでしたね。ですから、

4の約数は1、2、4になります。同じようにして、10の約数は10を割り切ることができる数ですから、10の約数は1、2、5、10になりますね。

では、この4と10の組が友愛数かどうか確かめてみましょう。**4**の約数1、2、4のうち、自分自身の4を除いた1と2の和を求めると、1+2=**3**となります。一方の**10**の約数では、自分自身を除いた約数の和は、1+2+5=**8**となります。4と8、10と3は互いに等しくないので、4と10は友愛数ではありません。

このように、異なる2つの自然数の組を選んで、自分自身を除いた約数の和が互いに他方と等しくなるものを探していきます。手動で計算してみるとなかなか見つかりませんが、220と284の場合はどうでしょうか。

220の約数は1、2、4、5、10、11、20、22、44、55、110、220

284の約数は1、2、4、71、142、284

それぞれ自分自身を除いた約数の和を計算してみると、

1+2+4+5+10+11+20+22+44+55+110=**284**

1+2+4+71+142=**220**

このように220と284の組は、自分自身を除いた約数の和が互いに他方と等しくなりますので、220と284は友愛数です。

私たちが誰とでも仲良くなれるのではないのと同じで、友愛数となる相手を見つけるのはなかなか大変ですね。**220と284が最小の友愛数**として知られています。

▽小さいものから順に発見されるわけではない

220と284が友愛数であることは、古代ギリシアの時代に活動していたピタゴラス教団内で知られていました。「万物は数なり」の信条を持ち、自然数へのこだわりが強い教団だけあって、紀元前に最小の友愛数を知っていたのはさすがです！

850年頃になるとアラビアの数学者・天文学者のサービト・イブン・クッラは友愛数を求めることができる法則を導き出しました。

そしてそれを一般化させたのが、18世紀、盲目の数学者レオンハルト・オイラーです。オイラーは60組ほどの友愛数を発見できましたが、それでも数式化した法則は完全なものではなく、中には当てはまらないものもあります。

これまで本書でご紹介した数学者のフェルマーやルネ・デカルトらも友愛数の組の発見に取り組んでいました。ちなみに1638年にデカルトが発見した友愛数の組は「**9363584と9437056**」と、ものすごく大きな数です。コンピュータもない時代に7ケタ、1000万に近い数字を扱えるのですから感心します。

また、**2番目に小さい友愛数が発見されたのは、意外にもデカルトの発見から200年以上も後**になります。1866年に当時16歳の少年だったニコロ・パガニーニが友愛数「**1184と1210**」の組を発見しました（イタリアの音楽家、ニコロ・パガニーニとは同姓同名の別人です）。

現代ではスーパーコンピュータを用いて友愛数の組を簡単に発見することができますが、それでも未解決のままになっている問題があります。

・友愛数の組は無限に存在するのか？
・偶数と奇数からなる友愛数の組は存在するのか？
(友愛数の組は偶数どうしまたは奇数どうししか発見されていません)

友愛数も含めて、数学にはまだまだたくさんの未解決問題がありますが、今後どれか1つでも解決されるとよいですね！

9 ピタゴラスが名付けた神の数字?「完全数」

先ほど登場した友愛数と似た考え方でご紹介できるものに**「完全数」**があります。完全数とは、**自分自身を除いた約数を足し合わせていくと自分自身と等しくなる自然数**です。

たとえば6の約数は1、2、3、6の4つで、自分自身の6を除いた1、2、3の和は、1+2+3=6となります。自分自身の6を除いた約数を足し合わせていくと6になりましたので、6は完全数です。

6の次に現われる完全数は28になります。28の約数のうち自分自身を除いた約数の和は、1+2+4+7+14=28となっています。

その次の完全数は496、続いて8128になります。完全数を小さい方から並べてみると6、28、496、8128になり、桁が1つずつ増えていっていますね。

そうすると、5つ目の完全数は5桁の数になるのかなと思いますが、予想と違って33550336になります。5番目になると急に桁が増えましたね。**1から1万までの間に4つあるのに、5つ目が3300万を超える**のですからびっくりです。

完全数はこれまでに**51個**発見されており、2018年に見つかった51番目の完全数はなんと4900万桁以上もある巨大な数字です！

完全数という名称の名付け親は古代ギリシアの数学者ピタゴラスだと言われていますが、なぜ完全という言葉を使ったのか詳細はわかっていません。

聖書の研究者によると、最初の完全数6は**「神が6日間で世界を創造したこと」**に由来し、次の完全数28は**「月の公転周期が28日である」**ことに関連しているとのことです。

▽「メルセンヌ素数」によるユークリッドの定理

完全数について、古代ギリシアの数学者ユークリッドは次の定理を発見しました。

2^n-1が素数ならば、$2^{n-1}(2^n-1)$は完全数である

2^n-1を**メルセンヌ数**といい、これが素数のときを**メルセンヌ素数**といいます。フランスの神学者マラン・メルセンヌが素数を研究していたため彼の名がつけられました。

この定理が正しいものだとすれば、「2^n-1」の形の素数を見つければ完全数が見つかるということになります。

そして、もうおなじみ18世紀の数学者オイラーは、**「すべての偶数の完全数は$2^{n-1}(2^n-1)$で表わされ**、そのときの2^n-1は必ず素数である」という、ユークリッドの定理の「逆」が成り立つことを証明したのです。

このユークリッドの定理は、**偶数の**完全数について述べたものになります。

では、奇数の場合はどうでしょう。奇数の完全数は存在するのでしょうか？　実は現在までのところ、それはわかっていません。まだ証明されていないのです。

また、完全数が無限に存在するかどうかもわかっておらず、現在発見できている完全数は2018年の51個目までです。次の52個目の完全数の発見が待ち遠しいですね。

完全数は今のところ「偶数だけ」

ユークリッドの定理

2^n-1 が素数ならば、$2^{n-1}(2^n-1)$ は完全数である

n＝2のとき

メルセンヌ数 $2^n-1=2^2-1=4-1=3$ ← 3は素数

このとき、$2^{n-1}(2^n-1)=2^{2-1}\times 3=2\times 3=6$

「6」は最小の完全数！

n＝3のとき

メルセンヌ数 $2^n-1=2^3-1=8-1=7$ ← 7は素数

このとき、$2^{n-1}(2^n-1)=2^{3-1}\times 7=4\times 7=28$

「28」は2番目に小さい完全数！

$2^{n-1}(2^n-1)$ のうち、
「2^{n-1}」の部分は2の累乗＝偶数だから、
$2^{n-1}(2^n-1)$ は必ず偶数になるんだね！

つまり…

ユークリッドの定理は「**偶数の完全数**」についての定理

「**偶数**の完全数は $2^{n-1}(2^n-1)$ の形で表わされ、
2^n-1 は素数である」

↓↓↓

～奇数の完全数が存在するのかはまだわかっていない～

コラム

どうして「逆」の証明をするの？

数学の世界では、正しい（真である）か正しくない（偽である）かがはっきりわかる文章や数式を「命題」といいます。そして、「PならばQである」という命題があるとき、**PとQを入れ替えた「QならばPである」を「逆」といいます。**

具体的なものを入れて考えてみましょう。たとえばPを「$x=3$」、Qを「$x^2=9$」としますと、命題「PならばQである」は「**$x=3$ならば$x^2=9$**である」となります。$x=3$のとき、x^2を計算すると9になりますので、この命題は正しいから真ですね。

一方で、「命題の逆」は「QならばPである」ですので、「**$x^2=9$**ならばで**$x=3$**ある」と表わされます。$x^2=9$を満たすxは「$+3$」以外に「-3（マイナス）」がありますので、これは、正しいといえません（偽である）。「逆は必ずしも真ならず」なのです。

「**命題『PならばQ』が真で、その逆『QならばP』もまた真である」ことは、恋愛でいう「両想い」**にたとえることができます。つまり、命題が真でその逆が偽であるときは、まだ「片思い」のようなものなのですね。

10 タクシーのナンバープレートが1729だったら

ある休日、お友達がタクシーに乗ってあなたのお家に遊びに来ました。

「ここ2日連続で、見かけた車のナンバープレートが自分の誕生日だったんだけど、**今日乗ったタクシーは「1729」**。特徴もないし、つまらない数字だったな……」

お友達からこんな話をされたら、あなたはどう答えますか？　車のナンバープレートが何かの語呂合わせやラッキーセブンのゾロ目7777だったり、自分の誕生日のときには印象に残りますが、そのほかの数字だと特に気になりませんよね。

ちなみに車のナンバープレートの数字には358が人気だそうです。358は縁起のいい数字で、燃費がよくなったり事故に遭わなくなるとのこと。風水によると3、5、8は吉数とみなされ、それぞれ3は金運・発展、5は財運・帝王、8は最高の数字を表わしているのだそうです。

では１７２９はどうでしょう。何かピンとくる数字ですか？　私たち一般人にとっては何も感じない数字であったとしても、数学者にとっては違います。

インドの魔術師と呼ばれる**シュリニヴァーサ・ラマヌジャン**は、よき理解者であったイギリスの数学者ゴッドフレイ・ハロルド・ハーディとの会話で、彼の乗ったタクシーのナンバープレートの数字が１７２９だと聞くと、すぐに次のように答えました。

「とても興味深い数字ですね。１７２９＝1^3＋12^3、または１７２９＝9^3＋10^3のように、１７２９は２つの立方数の和を２通りに表わせる最小の数です」

このエピソードにちなんで、数学の世界では**１７２９をハーディ・ラマヌジャンのタクシー数**といいます。

文系の名門大学として知られる一橋大学の２００９年の入試には、タクシー数１７２９をもとにした問題が出題されました。

「２以上の整数m、nはm^3＋1^3＝n^3＋10^3を満たす。m、nを求めよ」

これはラマヌジャンのタクシー数そのもので、答えはm＝12、n＝９になりますね。実際の入試においては答えだけでは不十分ですから、整数問題の解法に持ち込んで途中経過も書きましょう。ご興味のある方はぜひトライしてみてください。

タクシー数

「2つの立方数の和としてn通りに表わされる最小の正の整数」

1番目のタクシー数「2」

$1^3+1^3=2$ → 1通り

2番目のタクシー数「1729」

$1^3+12^3=1729$
$9^3+10^3=1729$ → 2通り

3番目のタクシー数「87539319」

$167^3+436^3=87539319$
$228^3+423^3=87539319$ → 3通り
$255^3+414^3=87539319$

▽コンピュータをもってしても発見されたのはたった6つ

一般的に、n番目のタクシー数とは、**「2つの立方数の和としてn通りに表わされる最小の正の整数」**と定義されています。立方数とは3乗の形で表わされた数です。

上のように、1番目のタクシー数は、$1^3+1^3=2$となるので2。2番目のタクシー数は、ラマヌジャンのタクシー数1729ですね。

3番目のタクシー数は87539319になりまして、グッと大きくなります。人間が手計算で求めたものではなく1957年にコンピュータを使って発見された数字です。４番目になるともっと大きな数字になり、こちらは１９９１年に発見されました。３番目のタクシー数から４番目のタクシー数の発見まで30年以上もかかっていますから、タクシー数の発見は相当大変だということがわかりますね。

現在のところ、**タクシー数は６つまで発見**されており、７番目以降はまだ発見されたといえません。７番目以降のタクシー数については、上限の候補が見つかっているという状態で止まっているのです。

たとえば７番目のタクシー数の場合、２つの立方数の和として７通りに表わされる数は発見されていますが、**それが「最小の数である」ということまでは証明されていない**ということです。もしかしたら、候補として挙がっている数よりも小さいものが今後新たに発見される可能性があるのです。８番目以降も同様で、現在は12番目のタクシー数までは上限の候補が発見されています。

数学の研究がどんどん進み、コンピュータの性能も日進月歩で進化しているのですが、数が莫大になってくると計算がそれだけ大変ということですね。

11 女神様から公式を授かる数学者
——ラマヌジャン

邪馬台国（やまたいこく）の女王である卑弥呼（ひみこ）は「鬼道（きどう）」を使い、神様と交信することができたと言われています。中学歴史のはじめの方で学びましたね。

タクシー数でお話しした「インドの魔術師ラマヌジャン」も、どうやら神の声を聞くことができたようです。

彼にはほかの数学者とは一線を画す驚異のひらめき力があり、非常に多くの数学公式を生み出すことができました。その数なんと３２５４。しかも、その多くを自身では証明していないのです。**自分で証明しないが、なぜか数学公式をたくさん生み出す**のですね。

あまりに不思議に思った友人がどんな発想で公式を生んでいるのか尋ねたところ、**「夢の中で女神様が私に数学公式を告げてくれる」**と真顔で答えたそうです。

数学の世界では一般的に公式や定理とその証明はワンセットにするものですので、ラマヌジャンはオーソドックスなタイプではありませんね。

ラマヌジャンはインドのバラモン階級の家庭に生まれました。決して裕福ではありませんでしたが、母親からヒンドゥー語の教育を受けて育ち、10歳の頃には英語やタミル語、算数の学科試験で地区1位をとる優秀な成績を残していました。さすが未来の天才数学者ですね。

そして15歳のときに出会ったジョージ・カー著の『純粋数学要覧』が彼の運命を大きく変えます。この本には当時の大学生が学ぶ約6000もの公式や定理が掲載されていましたが、そのほとんどのものに証明が省かれていたのです。あったとしても、ほんのわずかなヒントのみでした。

ラマヌジャンは『純粋数学要覧』とにらめっこして、**数々の公式や定理のパズルを組み立てて自分で証明したり、まだ発見されていなかった新しい定理を独創的な手法で見つけ出し、ノートに書き加えていきました。**

その後、ラマヌジャンはパッチャイヤッパル大学へ進学します。数学の教師に自ら発見した数々の公式を記した**「ラマヌジャン・ノート」**を見せると、教師がその内容に驚き、校長先生に紹介します。そして、奨学金付きで大学の入学が許可されたのです。わかる人が見れば、もうこの頃からラマヌジャンの異能はずば抜けていたのですね。

しかし入学後は**数学以外の科目が足を引っ張ってしまい、落第点を何度もとりました**。ついには奨学金を止められて退学することになります。

▽よき理解者ハーディとの出会い

その後、ラマヌジャンは港湾事務所で事務員の職に就きましたが、数学への情熱が冷めることはなく、仕事を早めに終えると数学の研究に没頭しました。

あるとき彼の上司がマドラス大学の教授にラマヌジャンの論文を送ってみましたが、まるで相手にされません。ラマヌジャン自身もイギリスのケンブリッジ大学の数学教授たちに手紙を送りましたが、なかなか取り合ってもらえませんでした。

しかし、「捨てる神あれば拾う神あり」です。諦めずに手紙を送り続けていると、**ケンブリッジ大学の数学者ゴッドフレイ・ハロルド・ハーディ**はラマヌジャンの才能に気づいて、彼をイギリスに呼び寄せます。

ラマヌジャンは渡英後、ハーディとともに数学の研究に打ち込みました。ラマヌジャンが公式や定理を生み出し、それをハーディが証明していきます。**ラマヌジャンが毎朝半ダース（6本）もの新たな定理を発見して現われ、ハーディが吟味して証明し、論文にまとめました。**2人の共同研究によって数学論文が次々に量産されていったのです。まさに最高のパートナーですね。

しかし、このタッグも長くは続きませんでした。ラマヌジャンはイギリスの生活になじめずに体調を崩し、32歳の若さで亡くなりました。彼の晩年にハーディは次のような言葉を残しています。

「もしも数学者に点数をつけるとしたら自分が20点、リトルウッドが30点、ヒルベルトが80点、そしてラマヌジャンは100点だ」

▽「なぜそんな公式を思い付いたのか見当がつかない」天才

ラマヌジャンが発見した定理や公式は、素粒子論、宇宙論（ブラックホール）、がん研究、クレジットカードのセキュリティシステムなど、現在でも多方面に影響を与えています。ラマヌジャン・ノートに書かれた数々の公式は彼の死後、現代に至るまでの数学者たちによって証明されてきました。中には最近になって開発された、最新の手法を使わなければ証明できないものも含まれていました。

日本の数学者、藤原正彦（ふじわらまさひこ）氏は次のように述べています。

「ラマヌジャンは、『我々の100倍も頭がよい』という天才ではない。**『なぜそんな公式を思い付いたのか見当がつかない』という天才**なのである。アインシュタインの特殊相対性理論は、アインシュタインがいなくとも2年以内に誰かが発見しただろうと言われる。（中略）ところがラマヌジャンの公式群に限ると、（中略）**ラマヌジャンがいなかったら、それらは100年近く経った今日でも発見されていない**、ということである」

12 満室の無限ホテルに新しいお客が泊まれるナゼ

7月末のある日、大学生のミナトさんはお盆休み中に旅行をしようと思い立ちました。旅先のホテルを予約しようとネットで検索するも、タイミングが遅かったためにどこも満室です。そんなとき、目を疑うような文面が飛び込んできました。

「当ホテルは部屋数が無限にございます。満室でも宿泊可能です」

満室状態でも宿泊できる「無限ホテル」なるものを見つけたのです。問い合わせてみると、当日受付で対応可能とのことです。半信半疑なミナトさんでしたが、旅行当日、無限ホテルを訪れてみました。

コンシェルジュによると、ホテルの部屋にはそれぞれ番号がついており、1号室、2号室、3号室……と無限に続いているそうです。1人1部屋で宿泊できるのですが、現在すでに満室。しかし、ネットで見たように満室状態でも宿泊できることに偽りはなく、コンシェルジュの指示に従い、無事にミナトさんはホテルに宿泊することができました。一体どうやって満室のホテルに泊まれたのでしょうか？

これは58ページにも登場しましたドイツ人の数学者**ダフィット・ヒルベルト**が考案した**パラドックス**です。パラドックスとは、**一見すると正しいと思える前提からスタートして、受け入れがたい結論が得られるもの**を指します。

コンシェルジュがとった行動はいたってシンプルです。宿泊しているそれぞれのお客さんに、今いるお部屋の次の番号の部屋に移動してもらったのです。

1号室に宿泊しているお客さんは、2号室に移動してもらいます。同様に、2号室に宿泊しているお客さんは、3号室に移動してもらいます。3号室に宿泊しているお客さんは、4号室に移動してもらいます。

これを続けていくと、宿泊しているお客さんが次々に移動してくれるので、1号室を空けることができます。そしてミナトさんがめでたく宿泊することができました！

なるほど確かにそうか、めでたし、めでたし。——とはなりませんね。ホテルが満室なのに、お客さんが移動するだけでＯＫなんてあり得ない。感覚的にとうてい納得

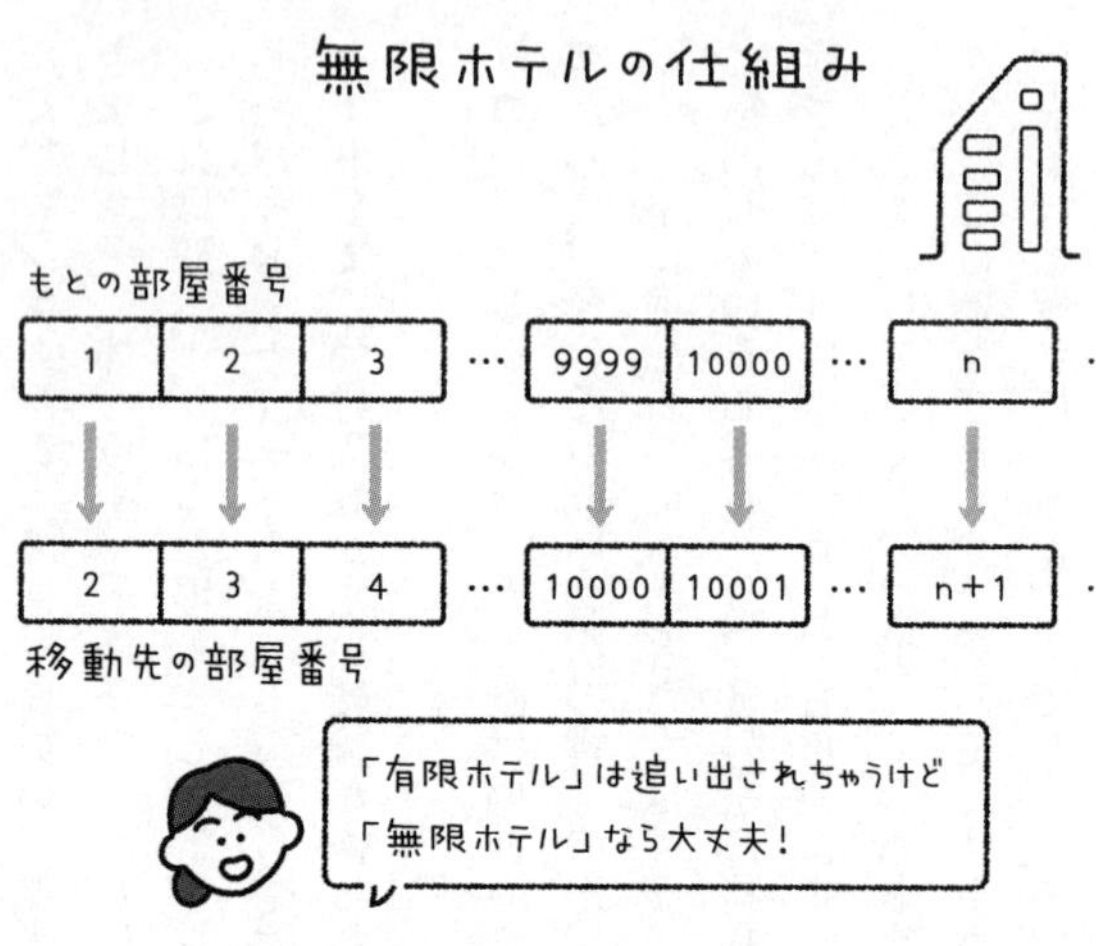

できるものではありません。

ありえないほどの部屋数をイメージして、10000号室までを考えましょう。そうすると1号室の人は2号室へ移動し、2号室の人は3号室へ、それを繰り返していくと、9999号室の人は最後の10000号室に移動します。そしてもともと10000号室にいた人は行き場を失い追い出されてしまいます。これでは全員が宿泊できませんね。

▽直感に反する結果になる「無限の世界」

しかし、この考え方には落とし穴があります。それは**「無限の数」**を**「有限の数」**

で考えてしまったことです。「無限に大きい数」として10000をイメージしましたが、無限は無限です。10000という有限の数値で考えることはできません。

今回のような無限に関する問題を考えると直感に反する結果が得られるのは、有限の数でイメージして考えてしまうからです。ホテルの部屋は無限にあるので、10001号室も存在します。もちろん、10002号室、10003号室……と無限に続きます。ですから、**「最後の部屋」は存在しない**ことになります。

無限ホテルの場合、1号室だった人は2号室に移動、2号室だった人は3号室に移動、……10000号室だった人は10001号室に移動……のように「もとの部屋」と「次に移動する部屋」が1対1対応でペアを作ることができます。

そして**無限ホテルの「満室」とは、お客さんと部屋が1対1対応でペアが続いている状態**を指します。そうすると、nという数にはn+1が1対1で対応しています。nは無限に続く数なので、ペアであるn+1も対応して無限に続き、満室状態であっても新しいお客さんを宿泊させることができます。

「無限の数」は普段なじみがなく、つい「非常に大きい有限の数」をイメージしてしまうため、無限の世界の話を有限の世界の話だと錯覚し、矛盾を感じてしまうのです。

おわりに 数学の楽しみ方は人それぞれ

最後まで本書をお読みくださり、ありがとうございます。

49もの数学のお話はいかがだったでしょうか。数学記号の成り立ちや、定理を生み出した数学者たちの人間味を感じるエピソード、そして数学の未解決問題など、知ると誰かに話したくなるような「数学の雑学」をご案内いたしました。

中学、高校の数学が得意だった方には既に知っていることがたくさんあったり、少し簡単に感じたかもしれませんが、これまで数学が苦手だった文系さん、数学アレルギーさんにとっては読みごたえのある内容だったかもしれません。

これまで私たちが学生時代に定期テストや入試問題で出会った数学は公式や問題パターン、そして解法などを覚えて、問題に合わせて「うまく当てはめて解く」ことが多かったと思います。大学入試数学ではいわゆる「暗記数学」が有効ですので、たくさん公式や解法をインプットして淡々と機械的にこなすのが好きな方には相性がいいでしょうし、それが無味乾燥で味気ないもののように感じる人は数学が嫌いになったことでしょう。ただツラツラと数式が並んでいるだけのように思えますからね。

しかし、たとえば対数の「log」はどんな経緯で誕生して、実際の世の中にどんなふうに活かされているのかなど背景を少しでも知ると、グッと身近なものに感じますし、logの公式も興味深く感じることができます。本書では、そのような中学や高校のときにはあまり触れてこなかったであろう「数学エピソード」をピックアップしました。これらのお話を通して、読者の皆様が数学に親しみを感じてもらえれば大変嬉しく思います。

最後に、本書を手に取ってくれた読者の皆様に厚くお礼申し上げます。

立田 奨

参考文献

・本丸諒『数学者図鑑』かんき出版
・コリン・スチュアート、竹内淳監訳・赤池ともえ訳『数学が好きになる数の物語100話』ニュートンプレス
・藤原正彦『天才の栄光と挫折―数学者列伝―』文春文庫
・蔵本貴文『意味と構造がわかるはじめての微分積分』ベレ出版
・立田奨『数学をつくった天才たち』辰巳出版
・立田奨『世界は数学でできている』洋泉社

本書は、本文庫のために書き下ろされたものです。

ちょっとわかればこんなに面白い(おもしろ) 数学(すうがく)のはなし

著者　立田　奬（たつた・しょう）
発行者　押鐘太陽
発行所　株式会社三笠書房
〒102-0072 東京都千代田区飯田橋3-3-1
電話　03-5226-5734（営業部）03-5226-5731（編集部）
https://www.mikasashobo.co.jp
印刷　誠宏印刷
製本　ナショナル製本

 ISBN978-4-8379-3073-0 C0141

面白すぎて時間を忘れる雑草のふしぎ

稲垣栄洋

みちくさ研究家の大学教授が教える雑草たちのしたたか&ユーモラスな暮らしぶり。どんな雑草もボ〜ッと生えてるわけじゃない！　◎「刈られるほど元気」になる奇妙な進化　◎「上に伸びる」だけが能じゃない　◎甘い蜜、きれいな花には「裏」がある…足元に広がる「知的なたくらみ」

ねじ子の人が病気で死ぬワケを考えてみた

森皆ねじ子

医師で人気漫画家の著者が「人が病気で死ぬワケ」をコミカル&超わかりやすく解説！　◎ウィルスとの戦いは「体力勝負」？　◎がんとは「理にかなった自殺装置」？　◎「血液ドロドロ&血管ボロボロ」の行きつく先は——　体と病気の「？」が「！」に変わる！

眠れないほどおもしろい紫式部日記

板野博行

「あはれの天才」が記した平安王朝宮仕えレポート！　◎『源氏物語』の作者として後宮にスカウト！　◎出産記録係に任命も彰子様は超難産!?　◎ありあまる文才・走りすぎる筆で女房批評！…ミニ知識・マンガも満載で、紫式部の生きた時代があざやかに見えてくる！

K30649